U0313828

# 露天矿区无人驾驶智能视觉技术及应用

阮顺领　顾清华　著

北　京

冶金工业出版社

2023

## 内 容 提 要

　　本书紧紧围绕露天矿区无人驾驶视觉下的图像数据处理、智能分析、智能检测与识别等关键技术，通过实际工程案例阐明相关技术原理和应用方法，介绍智能视觉技术在露天矿区无人驾驶方面的应用状况。书中重点将露天矿区无人车辆行驶中复杂道路分割与识别，复杂道路拟合与跟踪，多尺度障碍检测与测量等进行原理解析和实验分析，更好地帮助读者理解并掌握关键知识点和应用技能。

　　本书可供从事矿山智能化建设的工程技术人员、管理人员或爱好者阅读。也可供高等院校智能采矿工程、矿业系统工程及智能科学与工程等相关专业师生参考。

**图书在版编目(CIP)数据**

露天矿区无人驾驶智能视觉技术及应用/阮顺领，顾清华著 . —北京：冶金工业出版社，2023.6
ISBN 978-7-5024-9572-5

Ⅰ.①露… Ⅱ.①阮… ②顾… Ⅲ.①矿山—无人驾驶—汽车—计算机视觉—研究 Ⅳ.①TD2 ②U469.79

中国国家版本馆 CIP 数据核字(2023)第 136892 号

**露天矿区无人驾驶智能视觉技术及应用**

| | | | |
|---|---|---|---|
| **出版发行** | 冶金工业出版社 | **电　话** | (010)64027926 |
| **地　　址** | 北京市东城区嵩祝院北巷 39 号 | **邮　编** | 100009 |
| **网　　址** | www.mip1953.com | **电子信箱** | service@ mip1953.com |

责任编辑　高　娜　美术编辑　吕欣童　版式设计　郑小利
责任校对　梅雨晴　责任印制　禹　蕊
三河市双峰印刷装订有限公司印刷
2023 年 6 月第 1 版，2023 年 6 月第 1 次印刷
710mm×1000mm 1/16；12.25 印张；235 千字；183 页
定价 69.00 元

投稿电话　(010)64027932　投稿信箱　tougao@cnmip.com.cn
营销中心电话　(010)64044283
冶金工业出版社天猫旗舰店　yjgycbs.tmall.com
(本书如有印装质量问题，本社营销中心负责退换)

# 前　言

中国采矿业经历了长期机械化和自动化的改造，随着 5G、人工智能、工业互联网为代表的新型技术和基础设施建设，矿业成为 5G+工业互联网的首批重点推广领域之一，矿山智能化生产方案得到了矿山企业的广泛研究。卡车运输由于其开采成本低、生产效率高等优点，长期以来成为露天开采中最常用的运输方式之一。立足双碳目标下露天矿山的无人化需求，并在减少油耗、降低人工成本、提高生产效率等方面具有积极作用，各大矿山企业对于矿区无人驾驶卡车的研究正在如火如荼地展开。

矿区无人驾驶卡车属于无人驾驶汽车的一种，涵盖了大量人工智能方面的前沿技术，其工作原理是通过车辆上安装的相机、激光雷达、毫米波雷达等多种传感器，收集车辆周围的多种模态的数据，并通过多维感知技术，计算出汽车的安全行驶姿态，通过车辆控制系统实现车辆的智能化操作，实现无人驾驶卡车的安全自主行驶。美国的卡特彼勒公司自从 20 世纪 80 年代就开始了无人驾驶的自卸式矿用卡车的研发，日本的小松公司实现了矿用自卸车的商业部署，国内矿山企业对此无人化矿用卡车的研究起步较晚，比较有代表性的包括慧拓智能和踏歌智行等企业，致力于提出矿区无人驾驶卡车解决方案，并实现了一定的商业化部署。由于露天矿区生产环境恶劣，卡车运输要实现完全的无人驾驶，还需要重点解决矿区非结构化道路识别、行车过程中的车道偏离检测等若干难点问题，这些问题将持续成为矿山无人驾驶卡车研究的热点。

本书在内容编排上集"基础理论、技术原理和项目实践与实验"

于一体，围绕矿区无人驾驶视觉下的智能分析、智能检测与识别等关键技术，通过大量的实例由浅入深、循序渐进地阐述相关原理和技术。书中所涉及的基础理论按照核心概念的方式介绍，关键技术通过实验分析方式介绍，重点将矿区无人矿卡行车中的复杂道路识别、复杂道路跟踪、道路正负障碍检测与测量等进行原理解析和实验分析。

　　本书由西安建筑科技大学阮顺领和顾清华合作撰写，全书共分为11章，其中，第1~3章由阮顺领、顾清华共同撰写；第4~11章由阮顺领撰写。

　　由于时间和作者学识所限，书中不足之处，敬请同行、专家和读者指正。

作　者
2022 年 12 月 25 日

# 目　录

1 绪论 ……………………………………………………………………………… 1

1.1 矿山智能视觉应用及意义 ………………………………………………… 1

1.2 矿山智能视觉研究概况 …………………………………………………… 2

  1.2.1 机器视觉应用现状 …………………………………………………… 2

  1.2.2 目标检测研究现状 …………………………………………………… 3

  1.2.3 道路检测研究现状 …………………………………………………… 5

  1.2.4 障碍检测研究现状 …………………………………………………… 7

  1.2.5 多模态数据融合研究现状 …………………………………………… 9

1.3 矿山智能视觉发展趋势 …………………………………………………… 11

2 矿山智能视觉相关理论与技术 ……………………………………………… 13

2.1 深度学习模型 ……………………………………………………………… 13

2.2 卷积神经网络 ……………………………………………………………… 14

2.3 目标图像分割算法 ………………………………………………………… 18

  2.3.1 最大类间分割法 ……………………………………………………… 18

  2.3.2 最大熵法 ……………………………………………………………… 19

2.4 道路边缘检测算法 ………………………………………………………… 20

  2.4.1 Sobel 算法 …………………………………………………………… 21

  2.4.2 Prewitt 算法 ………………………………………………………… 21

  2.4.3 梯度幅值算法 ………………………………………………………… 22

2.5 双目视觉目标测量 ………………………………………………………… 22

2.6 相机标定理论 ……………………………………………………………… 23

3 矿区道路图像数据集处理 …………………………………………………… 27

3.1 图像数据降噪滤波处理 …………………………………………………… 27

  3.1.1 均值滤波 ……………………………………………………………… 27

  3.1.2 中值滤波 ……………………………………………………………… 28

  3.1.3 高斯滤波 ……………………………………………………………… 28

  3.1.4 双边滤波 ……………………………………………………………… 29

3.1.5　导向滤波 ……………………………………………… 30

3.1.6　加权最小二乘滤波 …………………………………… 31

3.1.7　小波滤波 ……………………………………………… 32

3.2　图像数据增强处理 ……………………………………… 33

3.2.1　直方图均衡化 ………………………………………… 34

3.2.2　灰度变换 ……………………………………………… 36

3.2.3　对数变换 ……………………………………………… 36

3.2.4　伽马变换 ……………………………………………… 37

3.2.5　Retinex 理论 …………………………………………… 38

3.3　矿区道路图像数据集构建 ……………………………… 39

3.3.1　矿区道路图像数据集标注 …………………………… 39

3.3.2　矿区道路图像数据增强 ……………………………… 41

3.3.3　矿区道路图像数据集扩增 …………………………… 41

**4　矿区非结构化道路分割** …………………………………… 44

4.1　BiSeNetV2 双边分割网络模型 ………………………… 44

4.1.1　模型结构 ……………………………………………… 44

4.1.2　道路特征提取阶段 …………………………………… 45

4.1.3　道路特征融合阶段 …………………………………… 47

4.2　OP-BiSeNetV2 矿区道路分割模型 …………………… 48

4.2.1　优化模型结构 ………………………………………… 48

4.2.2　细节特征提取效率优化设计 ………………………… 49

4.2.3　注意力机制优化设计 ………………………………… 49

4.2.4　特征图上采样优化设计 ……………………………… 50

4.3　矿区道路分割实验与分析 ……………………………… 51

4.3.1　实验准备与设计 ……………………………………… 51

4.3.2　多模型分割实验结果分析 …………………………… 52

4.3.3　连续帧识别效果测试 ………………………………… 53

4.4　本章小结 ………………………………………………… 54

**5　矿区非结构化道路边缘线跟踪** ………………………… 55

5.1　矿区道路边缘线处理 …………………………………… 55

5.1.1　矿区道路边缘线提取 ………………………………… 55

5.1.2　矿区道路左右边缘的分割 …………………………… 56

5.2　矿区道路边缘拟合 ……………………………………… 58

　　5.2.1　直线道路边缘拟合模型构建 ·················· 58
　　5.2.2　弯道拟合模型构建 ························· 60
　　5.2.3　直线-抛物线拟合模型构建 ················· 60
　5.3　矿区道路边缘跟踪 ···························· 62
　　5.3.1　道路跟踪算法 ··························· 62
　　5.3.2　道路边缘区域划分 ························ 63
　5.4　矿区道路边缘跟踪实验与分析 ·················· 64
　　5.4.1　矿区道路边缘检测 ························ 64
　　5.4.2　矿区道路边缘跟踪 ························ 65
　5.5　本章小结 ································· 66

6　矿区无人车行进道路偏离检测 ····················· 67
　6.1　矿区车道偏离特征提取 ························· 67
　　6.1.1　矿区车道识别图像预处理 ·················· 68
　　6.1.2　矿区车道边缘线拟合 ······················ 69
　6.2　基于 PSO-BP 的矿区车道偏离检测 ············· 73
　　6.2.1　BP 神经网络结构设计 ····················· 73
　　6.2.2　粒子群优化网络权重设计 ·················· 75
　6.3　矿区车道偏离实验与分析 ······················ 76
　　6.3.1　实验准备与设计 ·························· 76
　　6.3.2　实验结果分析 ··························· 77
　6.4　本章小结 ································· 79

7　矿区复杂道路动态路网构建 ······················ 80
　7.1　矿区道路提取数据集的建立 ···················· 80
　　7.1.1　矿区道路数据集的人工标注 ················ 80
　　7.1.2　露天矿区道路图像预处理 ·················· 80
　　7.1.3　数据集扩增及划分 ························ 82
　7.2　DeepLabv3+道路提取模型结构 ················ 83
　　7.2.1　空洞卷积 ······························ 83
　　7.2.2　空洞空间金字塔池化 ······················ 85
　　7.2.3　解码-编码器结构 ························· 87
　7.3　矿区路网图像分割优化模型构建 ················ 88
　　7.3.1　矿区道路提取优化模型 ···················· 88
　　7.3.2　矿区道路特征提取 ························ 90
　　7.3.3　道路数据不平衡修正 ······················ 91

7.4　矿区路网轨迹数据坐标转换 …………………………………… 91

　7.4.1　矿区路网坐标提取 ………………………………………… 91

　7.4.2　定位轨迹数据源及处理 …………………………………… 96

　7.4.3　定位坐标系转换 …………………………………………… 99

7.5　矿区路网构建实验与分析 ……………………………………… 100

　7.5.1　实验设计 ……………………………………………………… 100

　7.5.2　评价指标 ……………………………………………………… 100

　7.5.3　结果分析 ……………………………………………………… 101

7.6　本章小结 …………………………………………………………… 105

**8　矿区无人驾驶行车道路障碍检测** …………………………………… 106

8.1　矿区行车障碍目标检测模型 …………………………………… 106

　8.1.1　行车障碍目标检测概述 …………………………………… 106

　8.1.2　行车障碍目标特征提取子网络 …………………………… 107

　8.1.3　行车障碍目标多尺度特征融合 …………………………… 108

　8.1.4　行车障碍目标候选检测区域生成 ………………………… 110

　8.1.5　检测与分割分支 …………………………………………… 111

　8.1.6　模型损失函数 ……………………………………………… 113

8.2　矿区行车障碍目标特征提取 …………………………………… 113

8.3　候选检测框生成优化 …………………………………………… 116

8.4　基于 RetinaNet 的行车障碍检测模型构建 …………………… 119

8.5　矿区行车障碍检测模型优化改进 ……………………………… 120

　8.5.1　障碍特征提取网络 RepVGG+优化 ……………………… 120

　8.5.2　多尺度障碍特征双向融合模块 …………………………… 124

　8.5.3　障碍检测定位优化 ………………………………………… 127

8.6　矿区行车障碍检测实验与分析 ………………………………… 130

　8.6.1　实验环境配置及评价指标 ………………………………… 130

　8.6.2　行车障碍检测模型性能验证 ……………………………… 132

　8.6.3　迁移学习模型预训练 ……………………………………… 133

　8.6.4　行车障碍检测模型有效性验证 …………………………… 134

8.7　本章小结 …………………………………………………………… 137

**9　基于双目视觉的行车道路障碍测距** ……………………………… 138

9.1　矿区复杂道路行车障碍立体图像标定 ………………………… 138

　9.1.1　复杂道路行车障碍立体相机标定 ………………………… 138

　9.1.2　基于 MATLAB 标定工具箱的双目相机标定实验 ……… 141

9.2　障碍物图像立体校正 …………………………………………… 145

9.2.1 双目相机立体校正原理 ……………………………… 145

9.2.2 双目相机立体校正实验 ……………………………… 146

9.3 立体匹配算法研究 ………………………………………… 147

9.3.1 立体匹配的步骤与约束条件 ………………………… 148

9.3.2 SGBM 半全局立体匹配算法 ………………………… 149

9.4 立体匹配视差测距 ………………………………………… 151

9.5 本章小结 …………………………………………………… 152

**10 跨模态融合的矿区无人车道路障碍测量** ………………… 153

10.1 跨模态数据融合架构设计 ……………………………… 153

10.1.1 时间融合 …………………………………………… 153

10.1.2 空间融合 …………………………………………… 154

10.2 矿区行车障碍跨模态数据空间匹配 …………………… 154

10.2.1 障碍物图像畸变矫正算法 ………………………… 154

10.2.2 基于特征点匹配的跨模态数据融合 ……………… 158

10.3 矿区行车障碍空间距离融合计算 ……………………… 161

10.3.1 碰撞目标特征设计 ………………………………… 161

10.3.2 距离估计模型 ……………………………………… 162

10.4 行车障碍空间距离融合计算 …………………………… 163

10.5 障碍空间测量实验与分析 ……………………………… 164

10.6 本章小结 ………………………………………………… 168

**11 矿区智能视觉综合应用案例** …………………………… 169

11.1 矿区道路障碍目标数据集 ……………………………… 169

11.1.1 矿区行车数据采集 ………………………………… 169

11.1.2 障碍目标标注 ……………………………………… 170

11.2 矿区道路障碍目标检测实验分析 ……………………… 171

11.2.1 实验环境配置与评价指标 ………………………… 171

11.2.2 预训练网络 ………………………………………… 172

11.2.3 结果与分析 ………………………………………… 172

11.3 矿区道路障碍目标距离估计实验分析 ………………… 174

11.4 本章小结 ………………………………………………… 176

**参考文献** ……………………………………………………… 177

# 1 绪 论

## 1.1 矿山智能视觉应用及意义

近年来我国经济快速发展，矿产资源作为国家经济发展的支柱，矿物的高效开采对国家有着重要的战略意义。自然资源部发布的《2021 中国矿产资源报告》指出，开展绿色矿山建设，着力打造环境优良、集约高效绿色矿业发展[1]。而绿色矿山的发展离不开矿产资源的高效开采，通过将传统采矿与新兴技术的结合形成智慧矿山生产方案，将进一步推进绿色矿山发展。露天矿开采主要由钻孔、爆破、装载、运输、破碎等环节组成[2]，矿卡车的高效调度优化和矿石运输配矿，是露天矿开采成本的重要组成部分。露天矿运输成本包括油耗、人员、设备损耗、安全措施等[3]。在露天矿智能生产系统的实际应用中，运输调度问题需要将道路实时状态信息作为路径规划的条件之一，通过道路边缘识别和路面障碍实时检测，可以进一步提升矿卡车的无人化程度，进一步降低人员和安全成本，提升调度系统效率。而智慧矿山可以分为 3 部分：智慧生产系统、智慧职业健康与安全系统、智慧技术与后勤保障系统[4]。

矿用无人卡车系统是实现矿山智慧生产系统的子系统，对推动智慧矿山建设有着重要意义。露天矿区的无人驾驶卡车系统与近年来在封闭园区广泛应用的无人车相似，分别由上层的智能环境感知系统，负责路径规划的矿车智慧决策系统和底层的矿卡底盘行车控制系统组成。环境感知系统负责对当前矿卡行驶过程中的路况信息做出实时检测，而障碍物的位置信息识别是环境感知系统的关键之一。因露天矿开采作业的特点，开采区随着时间推移不断改变其空间位置，从而引起矿区道路变化十分频繁，同时由于矿区道路没有明显道路边缘线，道路形态复杂多样，属于典型的非结构化道路。因此，在矿区实现无人驾驶运输矿石，需要重点解决矿区非结构化道路识别、无人车行驶偏离检测、路面落石或塌陷障碍检测等若干痛点问题。这些问题中，道路识别是无人驾驶卡车感知矿区环境以及完成各种任务的前提，行车障碍检测是无人卡车完成安全运输的重要保障。

近年来，随着露天矿区无人驾驶矿卡的逐渐成熟并落地，已经在多个矿区进行全天候运行，大多采取的方案为基于 RTK 设备的精确定位和基于多线激光雷达或毫米波雷达的障碍物感知，对于小目标和障碍物分类效果较差。视觉传感器采集的数据包含障碍物大量的纹理、颜色信息，如何对其进行高效利用，并与激光雷达传感器所包含的精确距离信息进行融合，完成矿卡行进障碍物位置的精确测定，作为露天矿区卡车运输实现无人化的重点。通过建立基于多传感器融合的露天矿矿卡无人车驾驶系统，可以更进一步优化矿区人员配比，并提升人员安全，在矿物运输阶段节省露天矿生产成本。随着无人驾驶的逐渐发展，在封闭低速环境下的高自主性无人驾驶矿卡大量落地，国内的慧拓、踏歌、优迈智慧等公司的无人化矿区开采、调度、运输方案，在内蒙古、云南、河南等地的露天矿区陆续开展运营。日本的小松等公司的无人矿车也取得了较好的运行效果。目前已有大量厂商在环境感知系统中使用多传感器融合方案作为行车预警具有更好的鲁棒性[5]。

露天矿无人车通过多传感器融合的环境感知，对负向障碍、尖锐碎石等路况信息进行精确检测，从而规避潜在的安全风险问题，同时对道路的矿卡、行人等障碍物进行空间位置判定，与露天矿调度系统进行实时数据交互，进一步提升矿卡调度效率。在基于多传感器融合的道路障碍检测方面，现存的方案大多适用于城市环境，针对露天矿区以机器视觉为主导的传感器融合障碍检测鲜有人研究。露天矿开采区道路属于非结构化道路，路面坑洼不平，存在大量尖锐矿石，传统的雷达障碍物检测方法无法对负向障碍物和小目标碎石进行准确检测，同时在市区结构化道路依赖道路特定特征进行检测的方法应用于矿区复杂多变的环境中难以生效[6]。因此需要在现有的环境感知方法中结合露天矿区的复杂背景环境为基础，着重从多传感器融合的角度入手，研究封闭低速环境下无人矿车环境感知。

综上所述，基于智能视觉方法进行露天矿区非结构化道路检测识别，并在此基础上实现车道偏离检测和障碍检测等研究，为矿区无人驾驶卡车的实景导航应用与无人驾驶的安全性保障提供了重要理论支持，对未来无人化矿山提升生产作业效率，减少因人员操作问题导致的潜在安全风险，提升矿区智能化建设水平，对露天矿智能化发展具有重要的理论价值和实际意义。

## 1.2 矿山智能视觉研究概况

### 1.2.1 机器视觉应用现状

机器视觉技术主要是通过光学设备获取图像信息并进行综合加工和处理的技术，机器视觉技术包含了信息采集、信息处理和输出三部分，在信息采集层面，主要涉及不同的视觉信息传感器，如相机或红外传感器。在视觉信息的处理方法上，传统的图像处理方法其泛化性和精确性有着较大缺陷，限制了机器视觉应用的范围。伴随机器学习的快速发展，依赖于卷积神经网络的下游任务有了长足发展，如目标检测、语义分割等。而机器视觉成为深度学习的主要分支之一，其广泛应用于安防监控、工业缺陷检测、医学影像识别、无人驾驶、服务机器人等产业领域[7]。通过各大产业的反哺，推动了机器视觉的快速发展，通过将目标检测等任务与实际工业应用相结合，产生了大量针对特殊问题的任务，如人脸识别、车牌检测、口罩配戴检测、烟雾火灾预警等。先前的机器视觉由于图像获取设备和计算机硬件的限制，仅可以进行简单地信息提取工作。随着算法和硬件的更新机器视觉完成的视觉任务更加丰富，并且由于本身的非接触、低成本等特点，解决了大量工业自动化的实际问题，受到越来越多学者的关注。传统机器视觉技术的灵活性和精确性不足，限制了机器视觉的应用广度和深度。随着深度学习的兴起，特别是 2012 年卷积神经网络的兴起，极大地促进机器视觉的发展，使得基于卷积神经网络的机器视觉任务的精度相比从前有大幅度提升。目前机器视觉已经成了深度学习的重要发展方向之一，而应用的范围从工业自动控制拓展到了自动驾驶、智能监控、机器人智能控制[7]、工业残次品检测、医学诊断、农业检测等许多重要领域，这也进一步促进了机器视觉的发展。在很多细分领域出现了适应性改进与研究，使得通用视觉任务同实际问题相结合，演变出许多针对特定问题的目标任务。在无人驾驶方面出现了障碍目标检测[8]、车道线检测[9]、车牌检测等许多具有针对性的研究和技术。而在露天矿生产领域，有边坡检测、车辆识别[10]、尾矿坝检测、矿石粒度分割、尾矿坝稳定性检测、尾矿库的干滩线检测等一系列机器视觉应用。而露天矿区无人车的行进间障碍识别作为露天矿运输系统的子任务，拥有着极大的工业应用价值。

## 1.2.2 目标检测研究现状

矿用自动驾驶卡车的发展都依托于无人驾驶水平，目前的无人驾驶多采用GPS 导航寻迹，雷达探查行进碰撞目标[11,12]。但露天矿生产运输环境比较恶劣，路况差，高扬尘，对精密仪器的损伤较大，单纯采用雷达感知精度高，寿命短，成本昂贵，所以基于机器视觉的障碍预警检测一直是国内外研究的热点与难点。目前基于机器视觉的环境感知部分可以分为传统数字图像处理方法和深度学习模型方法。

### 1.2.2.1 传统数字图像处理方法

传统的数字图像目标检测方法中，一般使用人工设计的图像特征提取算法对图像中的目标进行描述和表征，建立实体目标与图像目标之间的信息匹配机制，通过图像信息对实际目标进行位置与类别的描述，进而为安全行车提供有效的行车决策依据。

其中，根据图像时间序列进行目标检测的算法有帧差法、背景减除法、光流法等。这些算法提出的时间较早但逻辑简单易实现[13]，此后许多学者在此基础方法上针对时效性和精确性做出许多深入研究。其中，张小东等人[14]针对检测目标的运动特性，将实际运动分解为径向运动与切向运动，通过判断径向光流与检测阈值从而确定目标位置。Sengar 等人[15]首先使用高斯滤波以及自适应阈值分割对单帧图像进行处理，然后对处理后的序列帧图像进行光流检测以此提高算法的精度。Chen 等人[16]提出一种自适应的高斯混合背景减除模型，该模型采用自适应动态学习率方法，改进传统的高斯混合模型，以此来应对快速变化的光照条件。Li 等人[17]提出计算图像的灰度直方图然后以不同区域的灰度概率进行图像重建，之后再进行帧差法来锁定运动区域。Suhr 等人[18]通过单目相机对行车后方的车辆进行图像逆序差分处理，精细地分割出后方车辆为车辆换道及转向提供了决策依据与预警信息。还有学者将不同算法进行优化组合提高精度，其中姚倩等人[19]将三帧差法进行改进并与 HOG（histogram of oriented gridients）特征结合分别提高了原先算法的检测精度和运算时间。王恩旺[20]、屈晶晶[21]与Ramya[22]等人把帧差法和背景减除法相结合，分别通过自适应阈值分割、连续帧间差分图像滤波以及图像像素分类的方法对帧间图像加以处理，以此减少背景干扰，突出目标，增加检测的精确性。

另一类算法则是为了提高单帧图像的检测精度对静态图像的目标检测，相对于多帧序列图像，这些检测方法更加注重特征的精确表达，通过建立纹理、边缘、灰度和梯度等不同作用滤波器精确地搜寻待检测目标的位置。在提高检测精度方面，刘威等人[23]采用行人样本的梯度特征能量共性信息，对单个行人样本的 HOG 特征进行加权，获得能够表现行人边缘轮廓的后验 HOG 特征，然后通过特征降维和聚类的方法建立子分类器实现多姿态行人的目标检测。李盛辉等人[24]将 SITF（scale invariant feature transform）特征点匹配算法与光流检测相结合，将多目图像进行融合以提高检测的宽度从而进行全面的障碍检测。在提高检测时效性方面，刘宏等人[25]提出自适应多层次平面识别检测算法，对室内多层次空间的障碍物进行识别检测。耿庆田等人[26]将边缘约束和全局结构加入 SIFT算法中，剔除了 SIFT 算法中生成的冗余点。

### 1.2.2.2 深度学习模型方法

随着机器视觉中卷积神经网络在 2012 年的突破式发展，出现了基于深度学习的目标检测方法。卷积神经网络通过模拟猫大脑皮层的视觉感受野，建立局部等权、稀疏连接的神经网络作为图像滤波器。然后通过级联多层滤波器，进行不同尺度与层次的特征提取。2013 年，Girshick 等人[27]提出了 R-CNN，在 2012 年的 AlexNet[28]基础上添加了全局目标检测框网络作为目标检测深度神经网络，相比先前传统方法大幅度提高了目标检测的精度。但 R-CNN 的时效性非常差，无法满足实时性要求。随后 Girshick[29]在 R-CNN 上进行了创新提出了 Fast R-CNN，首先将骨架网络改成 VGGNet，然后使用 SPP-Net[30]代替全局目标检测网络进行有选择性地搜索，有效地提升了网络效率，缩短检测时间。曹诗雨等人[31]已经将 Fast R-CNN，运用于城市道路背景的碰撞检测，但对小目标的检测精度不足。随后 Girshick 等人又提出了时效性更强精度更高的 Faster R-CNN[32]，在网络中引入区域建议网络，进一步提升了网络的精度和时效性，基本实现了端到端的目标检测。同年 Redmon 等人[33]提出了 YOLO 网络将原先两部分的网络框架进行大幅度调整，将目标分类与边框回归进行合并，实现了一步走的网络模型构建。相比 Faster R-CNN，YOLO 拥有更快的检测速度，但是检测精度不如 Faster R-CNN。2016 年 Redmon 等人[34]提出了 YOLOv2 网络，在原先的网络中加入小型分类网络 Darknet-19 与 BN（Batch Normalization）层以此提高精确度。同年，Liu 首次提出 SSD 网络[35]，其创新思想在于将多层卷积层输出作为检测信息以此提高精确性，在多目标检测中性能优越。唐聪等人[36]针对 SSD 网络小目标检测困难问题，提出了一种多视窗 SSD 模型，对 SSD 没有充分使用底层卷积信息进行多窗口提取。2018 年，何恺明和 Ross 等人提出了 Mask R-CNN 网络[37]，以残差神经网络为骨干网络并加入 ROIAlign 层和掩模分割层完成了目标检测和像素级标定分割的过程。因为深度残差神经网络优秀的特性以及基于双线性内插思想的 ROIAlign 层代替传统的 ROI（region of interest）层后高精度的区域搜索性能，网络整体的精度得到了大幅度提升，成为当前性能最优异的目标检测与分割网络之一。目前基于深度学习的模型已经成为目标检测的趋势。

### 1.2.3 道路检测研究现状

基于机器视觉的道路检测对象一般分为两种：有明显车道线的结构化道路（高速公路、城市道路），无车道线的非结构化道路（乡村道路、田间道路）。由于结构化道路的比较规则，通过选取数学中相对应的曲线模型，调整模型参数，即可实现道路边缘识别，因此，检测的常用方法是基于道路模型的识别算法，该方法的最大优点是不易受光照、阴影等干扰因素的影响，但是仅对形状规则的道路有较好的适用性。由于非结构化道路形状多变，利用数学曲线模型无法有效识别，常利用基于道路特征的识别算法对非结构化道路进行识别检测，该算法主要根据其纹理、颜色等特征完成道路识别，其最大优点是对于规则或不规则的道路都有较好的适用性，但是对于水渍、阴影等干扰信息较为敏感，容易出现误判。目前，基于机器视觉的道路边缘检测一般按照以下步骤进行。

首先，需要进行图像预处理，其目的是为了去除图像中的干扰信息（一般为光照、阴影等），降低算法冗余，以提高算法对道路图像的识别性能；其次，通过选用合适的特征算子对图像进行纹理、边缘的特征提取；最后，基于图像的某一特征，选用适合的道路模型识别算法，一般通过道路图像中的特征差异，得出道路图像中的边缘信息。根据所选用的道路特征以及模型差异，将道路检测算法分为以下三种。

第一类：基于图像分割的道路区域检测。图像分割是一种常用的提取道路信息，对道路区域进行检测的分割方法，通常用来区分道路图像中的背景区域和可行驶区域。是否可以有效分割大多取决于道路图像中道路与非道路之间的灰度差异程度。即使是不同结构类型的道路，道路区域的纹理和颜色基本相近，且与非道路区域有明显差异，因此，道路的颜色和纹理特征图像特征常被用于基于图像分割的道路区域检测中。聚类算法和非线性滤波器都是常用的图像颜色、纹理特征分类算法，其中，聚类算法中的 K 均值算法、均值漂移算法的应用对象是图像中的像素，同过对图像中的单位块（像素）进行分析筛选来达到分割目的。与其类似的还有统计模式识别算法，这几种算法在基于图像的特征及颜色方面，有较好的检测效果。道路的纹理信息提取通常采用 Gabor 滤波器和 LBP。高度结构化的道路，路基面多为水泥铺设而成，路基面纹理几乎一致，而且由于其存在明显的白色道路标识线，对道路区域和非道路区域进行很好的分割，因此，利用纹理特征进行分割可以取得较为理想的检测效果[38]。对于非结构化道路，文献[39] 基于道路区域的纹理特征，在传统的区域增长算法中，不仅加入了基于四叉树的数据结构，还应用了人工智能进行剪枝优化。改进后的区域增长方法取得了较好的分割效果。对于颜色特征，RGB、LUV、HSV 等几种较为符合人类视觉的颜色空间常被用来描述图像的颜色信息。文献[40] 采用改进的区域生长算法从分割后的 RGB 熵图像中提取道路，可以较好地排除道路中的杂点和干扰点，但是对于道路区域和非道路区域灰度信息近似的道路检测效果较差。针对光照、阴影干扰等常见的图像检测问题，许多学者将原始图像转入 HSV 空间对道路进行检测。文献[41] 利用图像 HSV 空间的颜色空间特征，降低了复杂环境中光照对实验的影响，并降低了目标区域阴影的误检测；文献[6] 将道路图像转换到 HSV 空间，利用颜色特征检测水岸线的方法，有效地检测出不同光照环境下的水岸线。利用颜色特征进行分类的过程中，常常会忽略道路图像中各个像素的位置信息，为了提升算法的准确性，将通过颜色空间提取出的颜色信息和位置信息转换为矢量，大量实验以及研究表明，该方法的鲁棒性和实时性更好。

第二类：基于特征的道路识别算法，图像的边缘信息是这类算法常用的一种图像特征。在道路图像识别中，通过道路轮廓来获取道路的结构特征，做这种算法通常采用特征提取和曲线拟合的方式进行图像识别。图像边缘是一种包含梯度信息的图像特征，通常利用特征的聚类方式对图像边缘进行特征提取，最后利用图像拟合方式获取有用的边缘信息。Canny 算子是一种常用的边缘提取算法，是一种集降噪滤波、增强处理和边缘检测于一体的算子，图像的梯度幅值变换及方向的获取利用了一阶偏导的计算原理[42]。复杂图像的边缘具有多尺度、多方向等特征，小波变换可以对边缘特征进行伸缩平移运算，并可对信号进行细化分析，可有效提取复杂边缘的多尺度特征[43]。文献[44] 采用改进的 Canny 算子可以有效地保持道路的边缘细节，且连续性较好，但是检测到的伪边缘较多；文献[45] 中融合了小波变换和极大值求取的方式，有效地去除了道路伪边缘，但是对光照和阴影较为敏感。文献[46，47] 通过提取道路颜色、纹理等特征信息进行道路检测，有效地提取道路轮廓信息，但是对于有光照、水迹、阴影等干扰因素的道路，实验效果不理想。形态学分析处理也是一种常用基于特征的道路识别算法，通过使用形状一定的模板，对原图像进行与或以及膨胀腐蚀等操作[48]。针对宽度和方向都不确定的雷达数据，文献［49］提出了一种可变式形状模板，其目的是在所获取的雷达数据中寻找出最优的直线道路，该算法采用了可能性函数和 Metropolis 两种算法，根据可能性函数来获取初次的模板变形参数（给定模板与雷达数据的匹配程度来确定），最优模板变形参数的集合利用 Metropolis 算法确定，但是该算法仅适用于有明显道路标识线的结构化道路。动态规划[50]和霍夫变换[51]常被用来检测道路标志线边界中的直线段，动态规划的性能更优于霍夫变换。为达到更好的直线识别效果，可采用基于梯度的似然函数[52~54]、灭点[55]和双目视觉[56]对直线段特征进行分类、筛选、约束。

第三类：基于模型的道路识别算法。基于模型的道路识别首先根据道路的边缘特征来估计道路图像中的模型参数，然后利用这些参数构建道路模型用来描述道路信息。基于模型的道路识别算法在 10m 内具有足够的准确性[57]。曲率较小的道路边缘可以直接用最为简单的直线模型来表示[58]，在直线模型中效果较好的是分段直线模型[59]。对于曲率较高的道路边缘，通常采用二次曲线进行建模，因其曲率表示较为自由，因此在弯曲道路的边缘检测方面可以取得较好的检测效果。文献［60，61］通过构建数学模型以适应道路边缘线，该方法受水迹、阴影等干扰因素的影响较小，对常见的半结构化道路有较好的实时性和鲁棒性，对于环境复杂的非结构化道路检测效果不佳。文献［15］通过对样本的大量训练，提出一种多层感知器自监督在线学习方法对非结构化道路进行识别，文献［20，62］使用支持向量机与其他算法融合的方式检测道路，但这种方法对于道路边缘模糊的完全非结构化道路鲁棒性较差，且无法满足实时性的需求。除了直线模型和二次曲线模型外，道路建模也会用到样条曲线，其中 B-spline 模型[21]应用最为广泛，尤其对于低曲率的道路有更好的检测效果。模型的参数选取是基于模型的道路识别算法中的重要组成部分，最小二乘法[22]和主动轮廓模型[63]参数估计是常用的两种方法。与最小二乘法相比较，主动轮廓模型采用迭代的方式，利用图像的梯度信息识别车道并拟合边缘，抗噪性较好，在很大程度上提高自动驾驶或车辆辅助驾驶系统的可靠性。Sobel 边缘检测算子、Prewitt 边缘检测算子、Laplace 边缘检测算子等[20,64,65]是基于模型的道路识别算法中几种经典算法，这几种算法在彩色图像中应用较少，多数情况下被应用于灰度图像。但是彩色图像更符合人的视觉感知，如何有效检测彩色图像的边缘，获得彩色图像中的细节化边缘信息还有待研究。

## 1.2.4 障碍检测研究现状

在环境感知的基础上，碰撞距离计算和预测的研究也在不断加深，相关理论与方法进一步完善，根据智能体与环境交互的框架模式，我们可以把露天矿无人卡车行车这种交互式任务看作是一种部分可观察、不确定、动态的交互过程。在此过程中，碰撞检测研究主要是从两个方面展开的，即距离估算型方法和知识推理与学习型方法。

### 1.2.4.1 距离估算型方法

距离估算模型通常在是目标检测的基础上通过标定与测算等方法估算碰撞目标与行车之间的实际距离。距离估算预警模型具有系统的理论基础，解释性强，在结构化道路上的误差小，并且可以通过结合其他信息提高适应能力。理论研究方面，游峰等人[66]分析行车安全因素，然后结合动力学模型，估算车辆的纵向安全距离。臧利国等人[67]利用切比雪夫大数定律对反应时间、制动起效时间、前车车速进行预处理，分析前后车辆运动参数状态，推导出安全距离计算公式，从而实现汽车的防碰撞预警。吕能超等人[68]的研究考虑驾驶人反应状态、车辆运动状态对碰撞风险的影响。在预警距离的基础上引入风险区域预判风险，将当前相对运动状态与决策阈值进行比较，分级识别碰撞风险。在无人车辆应用方面，有许多学者通过单目或多目相机测距方法构建预警模型。Dooley 等人[69]通过记录安装在挡风玻璃后面的单个摄像机捕捉到的视频序列用于前方车辆识别，使用图像坐标系与现实世界的坐标系校准公式，估算前方目标的速度与距离，提出前方碰撞预警系统模块。Fang 等人[70]通过人工统计发现车前方障碍物高度、图像目标与底部像素距离之间的指数关系，拟合车前障碍物距离函数进行测距，根据当前车速和所测定的距离建立预警模型。孟柯等人[71]加入在传统的纵向距离估算上加入运动目标的横向距离，根据横向与纵向距离估计出碰撞空间域，然后通过判断纵向距离的深度，划分预警等级。王铮等人[72]采用双目相机建立三维坐标系，考虑双目相机的景深范围和小车大小，设置图像视频中的障碍物范围。

### 1.2.4.2 知识推理与学习型方法

知识推理与学习模型通过模拟驾驶员的行车决策，不仅仅考虑障碍物的距离信息而且参考行车的路况与驾驶信息，然后直接构建模型。驾驶员在行车中大脑一般不会直接计算碰撞距离信息，而是通过视觉或者车辆状态构建语义信息，因此这种模型在提取目标距离信息时往往不会使用精确估算的方法，而是将多种信息融合，构建行车预警的 if-then 规则或者学习机器，以此对当前的行车环境进行分析。其中，Wang 等人[73]主要考虑驾驶者的人为习惯，提出了一种车前障碍碰撞预警算法，该算法可以根据驾驶员行为的变化，包括行为波动和个体差异，构建预警模型并实时地调整预警阈值。毕胜强等人[74]分析不同人-车-路系统参数组合在换道意图和车道保持期间的差异性，选取最佳特征参数组合，运用网格和遗传算法-支持向量机寻优方法优化模型参数，实现对驾驶行为的预警监测。杨会成等人[75]使用模糊推理系统进行障碍物碰撞预警，根据障碍物信息与驾驶员头部信息设置模糊集论域，然后采用高斯隶属度函数和 Mamdani 规则构建模糊推理规则。黄慧玲等人[76]在识别和跟踪前车的基础上，使用隐马尔科夫模型对车辆行为进行建模，识别前方车辆行为，并根据行为识别结果计算对应的风险评估因子。周宣赤等人[77]提出了一种粒子群和支持向量机结合的防碰撞预警模型，通过建立行车状态影响因素的指标作为学习属性，对车前方碰撞物进行预警。Gorka 等人[78]采用空间分割标定的方法将获取的图像进行纵向距离分割，然后标定每一块图像所需的预警信息，最后通过人工设计的特征与支持向量机分类器判断该区域碰撞物类别与预警等级。

### 1.2.5 多模态数据融合研究现状

虽然视觉传感器可以较为丰富的障碍物信息，但其过于依赖环境光线且较难获得精确距离信息。同时不同传感器均无法完全覆盖所有使用场景，无法为无人矿车提供安全、可靠的环境感知信息。而为车辆提供更加全面的环境感知可以通过不同传感器之间的数据融合，获得更强的鲁棒性。表 1.1 展示了在无人车辆障碍检测中，普遍采用的不同传感器之间的优缺点。

**表 1.1　不同传感器在不同任务中的性能对比**

| 任　务 | 传　感　器 | | | |
| --- | --- | --- | --- | --- |
| | 摄像头 | 激光雷达 | 毫米波雷达 | 多传感器融合 |
| 目标检测 | 一般 | 良好 | 一般 | 良好 |
| 目标分类 | 良好 | 一般 | 较差 | 良好 |
| 速度精度 | 较差 | 良好 | 良好 | 良好 |
| 距离精度 | 较差 | 良好 | 良好 | 良好 |
| 角度精度 | 一般 | 良好 | 较差 | 良好 |
| 工作范围 | 一般 | 良好 | 良好 | 良好 |
| 雨雪、灰尘 | 良好 | 较差 | 良好 | 良好 |
| 光照不足 | 一般 | 良好 | 良好 | 良好 |

如表 1.1 所示，摄像头在障碍物的距离和速度检测方面具有较大的劣势，而激光雷达在露天矿区恶劣环境中容易受灰尘雨雪干扰，毫米波雷达对于目标分类方面有着致命缺陷。因此通过将摄像头与激光雷达或毫米波雷达相结合能够进行优势互补，从而大大提升障碍检测的鲁棒性。近年来，多传感器融合逐渐演变成无人驾驶车辆的环境感知主要方案，甚至在 L3 级以上的自动驾驶已经将其作为技术评价标准。多传感器融合按照不同的主导方案可分为三种，分别是以毫米波雷达为主导、以激光雷达为主导和以摄像头为主导。

### 1.2.5.1 基于毫米波雷达主导的数据融合

无人驾驶发展初期，基于视觉传感器的障碍检测尚不成熟，同时激光雷达成本高昂且可靠性差，大多数厂商采用的辅助驾驶方案，便是以毫米波雷达为主导，主要目的是进行车辆的紧急制动等。其技术路线为通过毫米波雷达检测到障碍物的纵向和径向距离，同时返回的信息还有障碍物的速度信息，然后将障碍物位置信息作为图像检测的感兴趣区域，最后使用模式识别等传统图像处理方法对障碍物进行分类。其具体检测流程如图 1.1 所示。

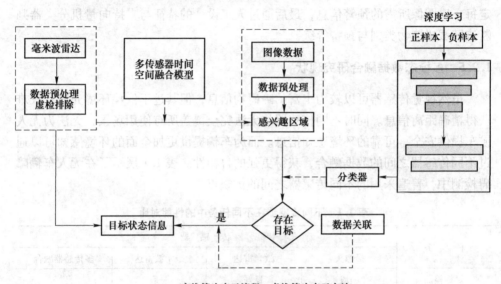

(实线箭头表示流程，虚线箭头表示方法)

图 1.1 以毫米波雷达为主的障碍物检测

在国内外相关研究方面，庞成[79]使用毫米波雷达进行目标信息跟踪及运动信息获取，采用过滤算法清洗虚假干扰目标，提升障碍物的估计准确性和实时跟踪性能，然后采用多线程时空同步方法，构建相机与毫米波雷达时间与空间融合模型，将雷达信息投影到二维图像获取感兴趣区域，最后使用级联分类器进行车辆检测。针对融合后数据进行障碍物检测精度较低问题，Ji 等人[80]首先对毫米波雷达障碍物进行目标跟踪，然后通过多传感器时空匹配形成图像感兴趣区域图，在数据后处理方面，创新性的使用多层学习网络（multilayer in-place learning networks，MILN）对数据进行特征分类，获取障碍位置。

### 1.2.5.2 基于激光雷达主导的多传感器数据融合

卷积神经网络在图像处理方面取得了显著效果，众多学者考虑对卷积神经网络进行重新处理，并应用于激光雷达的点云数据分割。其分割方法可分为两种：一种是将 3D 点云数据转换成类似与 2D 图像数据，通过将 3D 点云数据映射到不同的视图上, 以处理图像的二维卷积来进行特征提取和分类。另一种是直接针对三维立体点云数据进行处理, 设计更高维的 3D 卷积核来之间处理点云数据。在以激光雷达为主的数据融合方面, 郭熙等人[81]提出将激光雷达特征于视觉特征融合的障碍物检测方法, 其原理类似于毫米波雷达融合方案, 在图像中融合激光雷达数据构建感兴趣区域, 并建立一种点云与图像融合的 R-V-DenseNet 网络进行障碍物检测, 在光线复杂环境下有着较好的检测效果。而胡杰等人[82]对于点云数据的处理采用另一种方案, 直接对三维激光数据利用 3D 卷积核进行特征处理和特征分类, 来解决道路障碍物检测问题。在工业应用中, 国内以百度为首的自动驾驶研发中心也采用以激光雷达为主的多传感器融合方案, 其数据处理框架如图 1.2 所示。

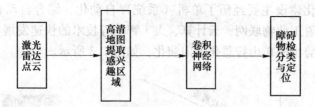

图 1.2　基于激光雷达的障碍检测流程

对点云数据的处理, 首先基于高精度地图进行有效点云区域提取, 然后利用 3D 卷积神经网络进一步进行点云分割获取不同障碍物位置。而图像数据用于道路的交通标志识别, 毫米波雷达作为辅助信息进行障碍物速度检测, 融合多传感器数据为无人车的决策系统提供更为可靠的决策信息。

### 1.2.5.3　基于摄像头主导的多传感器融合

在无人驾驶发展前期, 基于视觉传感器的障碍物检测由于其精度和速度都不尽如人意, 近年来神经网络有了长足进步, 使得以视觉信息为主, 辅以强大的深度学习模型和海量数据形成的无人驾驶方案渐渐增多, 如特斯拉所采用的 Autopilot 方案。同时对于摄像头难以获取距离信息的缺陷, 出现了一种全新的 RGB-D 传感器, 可以之间获取每个像素点所对应的距离信息。在国内外研究方面, 王东敏等人[83]将多线激光雷达映射到图像数据中, 并对雷达深度数据进行插值方法, 获得稠密的深度图像。Qi 等人[84]利用 RGB-D 传感器设计了一种 3D 立体检测框架, 改善了雷达信息对小目标距离探测较低的问题, 但是该框架由于之间进行稠密三维数据处理, 导致其检测速度较慢, 无法达到实时性要求。

## 1.3　矿山智能视觉发展趋势

智慧矿山是我国的一个新兴概念, 其发展是建立在矿山自动化、信息化、数字化所取得成果的基础上, 讨论智慧矿山, 必须与自动化矿山、信息化矿山、数字化矿山等概念结合起来进行。从 2016 年到 2021 年，我国政府对智能矿山的重视程度逐步加强，并给出相应的指导意见与建议，智能化矿山的种类也从煤矿逐步延伸到非煤类矿山。尤其 2020 年 2 月，国家发改委、国家能源局等八部门联合发布《关于加快煤矿智能化发展的指导意见》，首次于国家层面对煤矿智能化发展提出了具体目标，旨在推动智能化技术与煤炭产业融合、提升煤矿智能化水平、促进煤炭工业高质量发展。据 2021 年 6 月国家能源局颁布的《煤矿智能化建设指南（2021 年版)》，明确了智能化井工煤矿需要建设包括智能综合管控平台、智能地质保障系统、智能掘进系统、智能采煤系统等在内的 12 大类软硬件系统。

信息化建设是矿山智能化建设的主线与基础，从 20 世纪 80 年代中期至今，我国矿山信息建设主要经历了单机（系统）自动化、综合自动化及矿山物联网阶段，且随着工业物联网、云计算、人工智能等技术的快速发展，我国矿山信息化的发展趋势将向矿山智慧化方向演化，如图 1.3 所示。

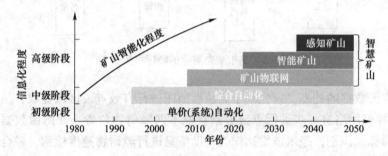

图 1.3  矿山信息化的发展趋势

随着深度学习技术的成熟与发展，智能视觉在矿山的应用场景也日益增多。视觉信息作为环境感知的来源之一，可以获取大量丰富的信息，如何有效利用这些视觉信息，设计可以准确识别矿山生产工艺环节中的智能检测方法，是实现低成本矿山智能化建设的重点方向。

总体来说，矿山生产作为整个资源工业的核心所在，运用智能视觉、物联网、大数据等新一代信息技术对其进行智能化建设，是适应现代工业技术革命发展趋势、保障国家能源安全、实现资源工业高质量发展的本质支撑，因此智能矿山行业具备持续成长的历史必然性，并且得益于政策基础以及技术创新的双重保障，我国智能矿山行业将迅速迎来广阔的发展空间。

# 2 矿山智能视觉相关理论与技术

基于机器视觉的露天矿无人卡车道路识别的目的在于利用车载摄像头获取道路图像实时信息，为卡车的智能导航提供辅助决策。基于深度学习与语义分割相结合的方法更适合应用在复杂的、非线性的矿区非结构化道路识别问题中，本章将对卷积神经网络结构与经典语义分割方法的相关理论进行分析，并针对矿区道路检测问题中的经典模型进行阐述，分析其在矿区道路智能感知任务中的作用。

## 2.1 深度学习模型

深度学习模型可以通过数据是否有标签分为三类：有监督、无监督以及半监督模型，如图2.1所示。目前，深度学习仍然是以有监督的模型为主，但是使用更少的训练数据进行半监督或者无监督是深度学习未来发展的方向。下面针对各个模型做具体的介绍。

（1）有监督学习模型。该模型在训练时，数据均需要人工添加标签。该模型可以充分利用先验知识来进行学习。监督学习可以分为回归和分类两大类。在回归问题中，会预测一个连续值，即将输出与输入变量用连续函数对应起来；而在分类问题中，会预测一个离散值，将输入和一些离散的值联系起来。有监督学习模型中的卷积神经（CNN）广泛应用于图像处理中。

（2）无监督学习模型。无监督学习是指训练数据不需要人工标注，而是根据数据本身的特性，在数据中根据某种度量关系学习出一些特性，较少用于分类任务。一个DBN是由多个RBM组成，其中RBM结构如图2.2所示。

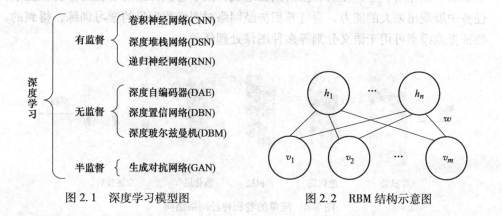

图 2.1　深度学习模型图　　　　　　图 2.2　RBM 结构示意图

（3）半监督学习。半监督学习是指训练集同时包含有标记样本和未标记样本，它介于有监督学习和无监督学习之间，它能够降低对数据的依赖，同时又能够利用部分标记数据的先验知识。半监督学习的示意图如图 2.3 所示。

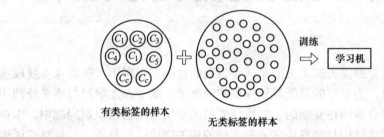

图 2.3　半监督学习示意图

卷积神经网络与循环神经网络作为深度学习的代表，其优点在于在图像处理和计算机视觉领域，减少了人为的参与，针对特定的识别与分类场景不需要单独设计数据的特征提取器，这极大地降低了算法的难度。深度学习的基本工作原理主要是基于卷积等运算从而提取各个不同层次数据的特征，再将提取的数据特征输入分类器达到分类或识别的目的。深度学习在进行深度网络训练的过程中需要不断收集大量的训练学习数据，而数据越多对特征的概括度就越高，因此，这些被提取出来的特征能够更好地反映所识别或分类的事物的本质。

## 2.2　卷积神经网络

CNN 于 1998 年由 Yann Lecun 提出，CNN 方法中所用到的权值共享有两大优点：（1）降低了网络所需训练的参数数量；（2）减少了过拟合现象的产生。与之前的方法相比，CNN 更适合对图像数据进行处理，在二维图像处理时的表现尤为明显。如图 2.4 所示为一种用于分类任务的简单卷积神经网络结构，主要由卷积层、池化层、全连接层和激活函数组成，由于卷积神经网络在图像特征提取任务中展现出强大的能力，通过卷积神经网络对图像数据集的学习训练，得到的特征提取模型可用于语义分割等多种图像处理任务。

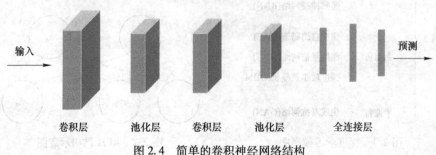

图 2.4　简单的卷积神经网络结构

（1）输入层。输入层除了可输入单维数据以外，更多地被用于输入多维数据，对于一维神经网络可用于处理时间或频谱采样数据等，而多维神经网络可用于接收图像等多种数据。通过对卷积神经网络的应用研究发现，学者们在使用卷积神经网络时通常输入三维数据，包括图像的像素点位置以及 RGB 通道值。由于卷积神经网络采用梯度下降法进行权值优化因此数据在输入网络前需要进行标准化处理。例如，当输入图像时所需要做的预处理是将像素值从 [0，255] 归一化至 [0，1]，这一操作将会提高网络性能。

（2）卷积层。常用的卷积层可分两大类：普通卷积和深度可分离卷积。其中，在普通卷积神经网络进行特征提取时，卷积层能够实现对图像中相关特征的提取，其实现方法是利用一定尺寸的卷积核沿着特征图从左到右、从上到下依次滑动进行相应的卷积运算，完成各种复杂特征的提取。普通卷积是利用一系列的卷积核与特征图进行卷积运算，以达到特征提取目的，并且卷积核的数量与特征图输出通道数相同。在以下分析中不考虑偏置。

普通卷积层结构如图 2.5 所示，当输入为通道为 3 的 RGB 图像，经过 4 个卷积核操作后，每个卷积核分别作用于输入特征图进行卷积运算，最终每个卷积核得到对应的具有相应局部信息的输出特征图。

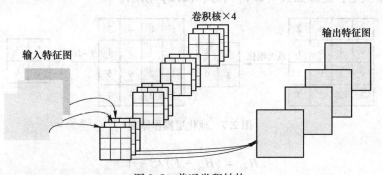

图 2.5　普通卷积结构

深度可分离卷积[85]与普通卷积的单层运算提取特征的方式不同，其核心思想是将普通卷积分为 Depthwise 卷积和 Pointwise 卷积，分别用于过滤和合并特征，这种因子分解方法具有显著减小计算量和模型大小的作用，在以下分析中不考虑偏置。

经典的深度可分离卷积结构如图 2.6 所示，该结构首先在 Depthwise 卷积利用与输入特征图层数一致的滤波器进行特征提取，然后在 Pointwise 卷积中利用 1 * 1 的卷积创建 Depthwise 卷积结果的线性组合，打破了卷积核数量与输出通道之间的相互影响关系，极大地减小了计算量。

（3）池化层。池化层的作用主要是用于特征选择和内容过滤，在卷积神经网络中常用来进行特征图的下采样任务，降低特征图的数据量，防止卷积神经网

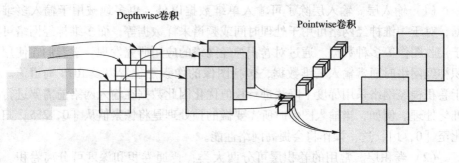

图2.6 深度可分离卷积结构

络模型的过拟合，池化过程中并不增加额外的参数量，也不会改变特征图的通道数。

池化操作主要分为平均池化和最大池化，图2.7表示这两种池化的操作原理，最大池化是将特征图中一定采样区域内的最大值作为运算后对应位置的输出，采样区域在整个特征图上从左到右、从上到下滑动完成池化操作，而平均池化则是将采样区域内的平均值作为对应位置的输出。池化层的输出特征图尺寸由多种因素决定，运算如式（2.1）和式（2.2）所示。

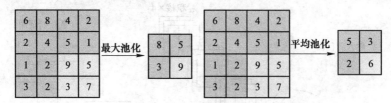

图2.7 池化层操作原理

$$H_{out} = (H_{in} - F)/S + 1 \tag{2.1}$$
$$W_{out} = (W_{in} - F)/S + 1 \tag{2.2}$$

式中，$H_{in}$和$W_{in}$为输入特征图的高度和宽度；$H_{out}$和$W_{out}$为输出特征图的高度和宽度；$F$为池化窗的大小（即采样区域大小）；$S$为池化窗的滑动步长。最大池化能够保留更多纹理特征信息，成为卷积神经网络中常用的池化方式，而均值池化则一般能够保存更多特征图的背景信息。

（4）全连接层。经过多个卷积池化操作进行特征提取与下采样后，卷积神经网络的最后阶段一般通过几个全连接层来实现图像的分类任务，该层类似于传统的神经网络结构，主要作用是实现对提取特征进行线性组合，将之前卷积层中提取到的多个局部分布特征映射到目标样本，最终输出分类预测结果，以下研究不考虑偏置和激活函数。

图2.8所示为全连接层结构，首先将之前运算得到的输出特征图展开为一维

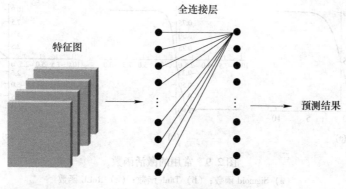

图 2.8 全连接层示意

向量作为输入神经元，并构造两层神经网络，最后通过线性组合运算得到预测概率。其中相邻两层神经元之间的关系如式（2.3）所示：

$$y_V = W_{V\times D}x_D \tag{2.3}$$

式中，$x_D$ 表示上一层神经元向量，其神经元个数为 $D$；$y_V$ 为下一层神经元向量，其神经元个数为 $V$；$W_{V\times D}$ 为权重矩阵，其维度为 $V$ 行 $D$ 列。全连接层常被用于卷积神经网络中的分类器，将学习到的特征映射到目标空间。

（5）激活层。在卷积层、池化层和全连接层中，相邻层之间的数据的传递偏向于线性，造成特征表达能力的局限性，缺乏图像中非线性特征的提取。因此，为增强特征提取能力，在相邻层中引入激活函数，添加非线性因素，加强层之间非线性特征的传递，用以解决复杂的特征提取问题。经典的激活函数包括 Sigmod 函数、Tanh 函数和 ReLU 函数，其表达式如式（2.4）~式（2.6）所示。

Sigmoid 函数： $$f(x) = \frac{1}{1 + e^{-x}} \tag{2.4}$$

Tanh 函数： $$f(x) = \frac{e^x - e^{-x}}{e^x + e^{-x}} \tag{2.5}$$

ReLU 函数： $$f(x) = \max(0, x) \tag{2.6}$$

如图 2.9 所示为这三种激活函数的图像，其中 Sigmoid 函数输出映射在（0，1）之间，常用于二分类问题和回归问题中，在二分类问题中以 0.5 为界限进行分类，其优点是易于求导，但随着网络模型的加深易出现过饱和和梯度消失问题，另一方面函数未以 0 为中心会导致收敛速度的下降；Tanh 函数的输出范围为（-1，1）之间，能够实现更快的收敛，但随着网络层数的增加，会发生梯度消失；ReLU 函数以其简单的求导方式，而且 0 点右端导数为常量 1，不会趋于饱和，能够有效缓解了梯度消失问题的优势，并且更容易达到收敛，成为卷积神经网络中最常用的激活函数。随着卷积神经网络中性能的不断优化，基于 RuLU 改进的激活函数不断地提高卷积神经的特征提取能力。

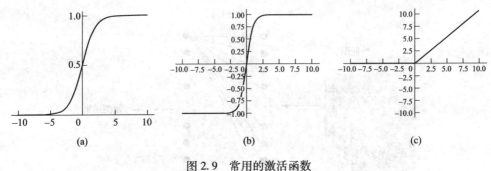

图 2.9 常用的激活函数

（a）Sigmoid 函数；（b）Tanh 函数；（c）ReLU 函数

（6）输出层。输出层与上一层全连接层相连，针对网络训练的不同目的，输出层的设计也会存在不同。针对不同特征图像的分类问题不同，输出层将通过函数运算来为其所对应的图像分别设定其所对应的分类标签；针对目标检测问题，输出层在进行设计时将主要考虑目标的中心坐标，大小以及目标的类别问题等，从而能够更好地达到检测的主要目的；而若想要很好地实现语义分割，在对输出层进行设计时就需要考虑对于每个输出的像素进行一一分类。

## 2.3 目标图像分割算法

在道路检测中，常用区域分割和阈值分割的方式区分道路区域与非道路区域。基于灰度特征的区域增长方法是区域分割中应用最广泛的一种分割算法，其算法原理是：选取车前方的 2/3 区域作为道路的种子区，根据种子区的道路特征对进行道路区域信息进行拓展，实现道路的区域增长，进而得到最终的道路区域。该种方法对道路进行提取时，所需要的图像特征较为单一，所需要训练的图像特征数量较少，可以有效降低系统冗余，但是对道路区域与非道路区域的灰度差异程度要求较高，该算法中图像分割效果的好坏与阈值选取有很大关系。传统的区域增长算法中的参数设置和分割阈值一定，算法更依赖的是道路特征，道路环境中阴影、水迹等会直接影响实验效果，因此，不适用于环境复杂的露天矿区非结构化道路。与传统区域增长分割算法相比，最大类间分割与最大熵法可根据道路图像自动选取分割阈值，算法的鲁棒性和适用性更强。

### 2.3.1 最大类间分割法

最大类间方差法（Otsu）在对图像进行分割处理时，利用方差判断图像像素之间相似性，方差越小说明像素之间的相似程度越高，相似程度高的化为一类，图像的分割转换为二分类问题，将图像分为背景和目标两部分。一般将道路图像分割为可行驶区域和非道路区域两部分，这两部分之间的像素特征差别直接体现在类间方差上，类间方差与图像像素之间的特征差异程度为正比关系，即图像像素之间的特征差异越高类间方差的值越大，当类间方差取得最大值时，完成对图像的分割，此时的错分率最小，分割阈值最大。

$$P_i = n_i / N \qquad (2.7)$$

背景 $C_0$ 图像像素点的灰度级为 $[1, \cdots, k]$，目标 $C_1$ 的图像像素点的灰度灰度级为 $[k+1, \cdots, L]$。用 $\omega_i$ 表示同一类中图像像素出现的概率，$u_i$ 表示同一类像素的灰度等级的平均值。

$$\omega_0 = P_r(C_0) = \sum_{i=1}^{k} p_i = \omega(k) \qquad (2.8)$$

$$\omega_1 = P_r(C_1) = \sum_{i=k+1}^{L} p_i = 1 - \omega(k) \qquad (2.9)$$

$$u_0 = \sum_{i=0}^{T} \frac{ip_i}{\omega_0} \qquad (2.10)$$

$$u_1 = \sum_{i=0}^{T} \frac{ip_i}{\omega_1} \qquad (2.11)$$

输入图像的平均灰度总值 $\omega_T$：

$$\omega_T = \omega_0 u_0 + \omega_1 u_1 \qquad (2.12)$$

$\sigma_B^2$ 的值可根据类间方差的定义求取：

$$\sigma_B^2 = \omega_0 (u_0 - u_T)^2 + \omega_1 (u_1 - u_T) \qquad (2.13)$$

令 $P(i, j) \approx 0 (0 \leqslant i < t, s \leqslant j < L)$ 遍历灰度级 $L$，令 $\sigma_B^2$ 的值最大时，所取得 $T$ 为最佳阈值。

对于半结构化道路或者环境较为简单的完全非结构化道路，应用最大类间法分割道路和非道路区域可取得较好的分割效果。但是对于矿区等背景环境复杂，有光照、车辙印记等干扰因素影响的完全非结构化道路，最大类间分割算法鲁棒性会受到影响，出现局部暗块，取得的实验效果不太理想，道路区域与非道路区域无法有效分割。先对图像进行降噪、增强等处理之后，再利用最大分割算法对图像进行分割处理取得的效果最好。

### 2.3.2　最大熵法

熵是由 J. P. 伯格提出的一种估计信号功率密度的方法。熵在物理学中被用来度量物体的有序性，即物体的混乱程度，物体的熵值越小，物体的混乱程度越低，分布更有序，反之亦然。在信息论中，熵被用来统计测量数据源中所包含信息数量和信息的混乱程度。在信息领域之中，分布越混乱的信息熵值越高，信息的提取越困难。最大熵法将最大熵法应用于图像中的原理是：以信息熵为基准，利用信息熵来描述图像像素点的灰度级，进而确定图像特征之间的相似程度，灰度等级分布均匀的部分特征越相近。同最大阈值分割相似，将图像的分割问题转换为二类寻找问题，将图像分割为背景区域和目标区域，这两个区域的熵值之和的最大值为分割阈值。输入图像的灰度差异越小，灰度熵越大。当熵值之和取得最大值时，完成对图像的分割。

设输入图像的像素数量为 $N$，$N = n_1 + n_2 + \cdots + n_i$，将图像转换为灰度图像之后的灰度级为 $L[0, 1, \cdots, L-1]$，每个灰度级包含 $N_i$ 个像素，像素在灰度级为 $i$ 中出现的频率为 $P_i$，则：

$$P_i = \frac{N_i}{N} \tag{2.14}$$

假设存在分割阈值 $T$ 将图像分割为 $C_0$ 和 $C_1$ 两部分，令 $\omega_0(T)$ 和 $\omega_1(T)$ 表示阈值 $T$ 时，目标和背景像素的累积概率：

$$\omega_0(T) = \sum_{t=0}^{t} P_i \omega_1(T) = \sum_{i=T+1}^{L-1} P_i \tag{2.15}$$

将目标与背景所对应的熵表示为：

$$H(0) = -\sum_{t=0}^{t} \frac{P_i}{\omega_0} \lg \frac{P_i}{\omega_0} = \lg \omega_0 + \frac{H_0}{\omega_0} \tag{2.16}$$

$$H(1) = -\sum_{i=T+1}^{L-1} \frac{P_i}{\omega_1} \lg \frac{P_i}{\omega_1} = \lg \omega_1 + \frac{H_1}{\omega_1} \tag{2.17}$$

其中，$H_0 = -\sum_{t=0}^{t} P_i \lg P_i$，$H_1 = -\sum_{i=T+1}^{L-1} P_i \lg P_i$。

对于阈值 $T$ 下的分割，图像总熵 $H(T)$ 为：

$$H(T) = H(0) + H(1) = \lg[\omega_0(1-\omega_0)] + \frac{H_0}{H_1} + \frac{H_L - H_0}{1 - \omega_0} \tag{2.18}$$

其中，$H_L = -\sum_{i=T+1}^{L-1} P_i \lg P_i$。

$H(T)$ 取得最大值时，所得到的阈值 $T$ 将分割之后的图像划分为熵值和最大阈值两部分，每一部分内的图像特征越相似，图像像素分布越均匀，其所对应的类间像素差异最大。在图像分割算法，最大类间方差法和最大熵法因其采用最小二分法的原则，算法的错分率很小。但是对于干扰信息较多，阴影亮度较低的图像，两种算法都会出现错误识别，需进一步改进。但是就识别效果而言，最大类间方差法优于最大熵法，本书将采用最大类间方差分割矿区非结构化道路图像。

## 2.4 道路边缘检测算法

在图像检测中，边缘是常用的图像特征，是图像目标与其他区域区分的重要边界线。图像的形状特征分析以及图像分割检测通常以图像的边缘特征作为基础的处理工具。较为经典的边缘检测算法原理是：主要根据图像灰度边缘的梯度幅值变换，利用一阶导数极值或二阶导数为零的原理对边缘特征进行检测。在MATLAB 中，常用模板卷积对输入图像的边缘像素点位置进行求导计算。本书简单阐述了几种常用的经典边缘检测方法。

### 2.4.1　Sobel 算法

Sobel 算子是一个用来计算图像亮度函数的一阶离散差分算子，既有检测水平方向的模板，也有检测垂直方向的模板，使用 Sobel 算子可计算出图像像素点所对应的梯度矢量。Sobel 算子应用广泛的最大原因在于计算快速、简单有效。其主要缺点是无法严格区分目标和背景区域，尤其对于边缘复杂的图像，提取的图像轮廓效果不太理想。Sobel 算子对图像进行矩阵运算的计算公式如下：

$$\Delta_x g(i, j) = [f(i + 1, j - 1) + 2f(i + 1, j) + f(i + 1, j + 1)] - $$
$$[f(i - 1, j - 1) + 2f(i - 1, j) + f(i - 1, j + 1)] \quad (2.19)$$

$$\Delta_y g(i, j) = [f(i - 1, j + 1) + 2f(i, j + 1) + f(i + 1, j + 1)] - $$
$$[f(i - 1, j - 1) + 2f(i, j - 1) + f(i + 1, j - 1)] \quad (2.20)$$

其梯度大小的计算公式为：

$$g(i, j) = \sqrt{\Delta_x^2 + \Delta_y^2} \quad (2.21)$$

相应的 MATLAB 的权系数模板为：

$$\begin{bmatrix} -1 & 0 & 1 \\ -2 & 0 & 2 \\ -1 & 0 & 1 \end{bmatrix} \begin{bmatrix} -1 & -2 & -1 \\ 0 & 0 & 0 \\ 1 & 2 & 1 \end{bmatrix} \quad (2.22)$$

### 2.4.2　Prewitt 算法

Prewitt 算子也是一种应用较为广泛的边缘检测算法，该算法通过计算图像像素点的平均值来达到抑制噪声的目的。就计算过程而言，Prewitt 算法与 Sobel 算法相似。但是由于 Prewitt 算子没有对图像的像素位置进行加权运算，所以检测到的边缘模糊程度比 Sobel 算子高，Prewitt 算子的主要计算公式如下：

$$\Delta_x g(i, j) = [f(i + 1, j - 1) + 2f(i + 1, j) + f(i + 1, j + 1)] - $$
$$[f(i - 1, j - 1) + 2f(i - 1, j) + f(i - 1, j + 1)] \quad (2.23)$$

$$\Delta_y g(i, j) = [f(i - 1, j + 1) + 2f(i, j + 1) + f(i + 1, j + 1)] - $$
$$[f(i - 1, j - 1) + 2f(i, j - 1) + f(i + 1, j - 1)] \quad (2.24)$$

相应的 MATLAB 的权系数模板为：

$$\begin{bmatrix} -1 & 0 & 1 \\ -1 & 0 & 2 \\ -1 & 0 & 1 \end{bmatrix} \begin{bmatrix} -1 & -1 & -1 \\ 0 & 0 & 0 \\ 1 & 1 & 1 \end{bmatrix} \quad (2.25)$$

### 2.4.3 梯度幅值算法

梯度幅值算法通过对图像矩阵中像素点的梯度幅值大小来寻找图像边缘点，在一定邻域范围内，像素点的梯度幅值决定了是否为边缘点的可能程度，梯度幅值与边缘点的可能性成正比，通过寻找局部最大值获取图像边缘点集，完成对图像边缘的检测。利用有限差分来计算输入图像像素点处 $f(x, y)$ 的灰度值，其方向向量可表示为：

$$\nabla f = \nabla f(x, y) = \left( \frac{\nabla f(x, y)}{\nabla x}, \frac{\nabla f(x, y)}{\nabla y} \right) = (f_x(x, y), f_y(x, y)) \quad (2.26)$$

$$f_y(x, y) = \frac{\nabla f(x, y)}{\nabla y} = \frac{1}{2} \frac{f(x, y + \nabla y) - f(x, y - \nabla y)}{\nabla y} = \frac{1}{2}(f_{(x,y+1)} - f_{(x,y-1)})$$

$$\quad (2.27)$$

$$\| \nabla f(x, y) \| = \sqrt{f_x(x, y)^2 + f_y(x, y)^2} \quad (2.28)$$

式中，输入图像在水平方向上的一阶偏导用 $f_x(x, y)$ 表示，垂直方向上的一阶偏导用 $f_y(x, y)$ 表示。输入图像某处像素点得梯度幅值为 $\| \nabla f(x, y) \|$。各局部区域内梯度赋值最大图像像素点为图像边道路边缘点，最终的图像边缘利用阈值对图像梯度幅值进行分割获得。

## 2.5 双目视觉目标测量

在使用视觉方案的障碍物距离测量方面，按照传感器不同可分为：单目视觉方法[86]和双目视觉方法[87]。基于单目的距离测量方法大多基于深度学习的距离估计方法[88]。而双目视觉方法采用左右相机的图像产生视差图，然后通过两个相机之间的基线与焦距参数进行距离计算，其原理如图2.10所示。

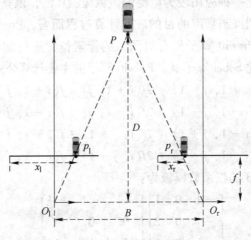

图 2.10 双目测距方法

如图 2.10 所示，两个内参相同且位于同一水平面的相机，$O_1$ 为左相机焦点，$O_r$ 为右相机焦点，两个焦点之间的距离 $B$ 称为基线距离，参数 $f$ 是相机焦距，由于两个相机相同，故 $f$ 的值相同。设目标物体的位置为 $P$，目标物体到基线的距离为 $D$。那么目标物体 $P$ 映射到左、右相机的像素点为 $P_1$ 和 $P_r$，则 $P_1$ 和 $P_r$ 在图像右侧的距离为 $x_1$ 和 $x_r$，设 $x_1$ 和 $x_r$ 两者的差为视差值 $d = x_1 - x_r$。

$$\frac{B}{D} = \frac{(B + x_r) - x_1}{D - f} \tag{2.29}$$

则目标无图到基线的距离 $D$ 可表示为：

$$D = \frac{B \times f}{x_1 - x_r} = \frac{B \times f}{d} \tag{2.30}$$

## 2.6  相机标定理论

相机标定的目的是通过相机拍摄的标定板求解相机的位置内参，从而通过这些参数对图像进行畸变矫正，或与其他传感器进行联合矫正标定完成多源数据融合。相机标定的方法大多使用平面上固定尺寸的标定板，多为棋盘格样式。如图 2.11 所示，相机标定的过程就是利用数学模型描述相机的成像过程，求解这个模型便可以得到相机的准确参数，如相机内参、相机外参、径向畸变、纵向畸变等。

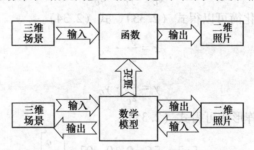

图 2.11  相机标定过程

相机的成像原理便是小孔成像，其原理如图 2.12 所示。

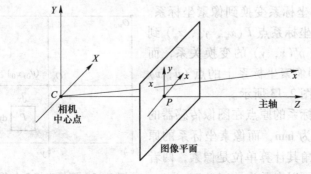

图 2.12  小孔成像模型

而相机标定就涉及不同坐标系之间的互相转换，分别是：世界坐标系，描述相机在三维世界中的位置；相机坐标系，以相机 sensor 的中心点建立的坐标系，描述相机位置；图像坐标系，映射在相机传感器的二维坐标；像素坐标系，成像点在相机传感器上像素的坐标，以像素位置表示，通常以照片的左上角为原点，即图 2.12 中的点 P。而求解各个坐标系之间的转换便可求得相机之间的参数。

（1）世界坐标系到相机坐标系变换。设物体 $P$ 在世界坐标系的坐标为 $P(x_w, y_w, z_w)$，在相机坐标系坐标为 $p(x_C, y_C, z_C)$，通过旋转矩阵 $\boldsymbol{R}$，平移矩阵 $\boldsymbol{T}$ 可以来表示这两个点之间的转换关系。可以通过矩阵的形式表示为公式（2.31）。

$$\begin{bmatrix} x_C \\ y_C \\ z_C \\ 1 \end{bmatrix} = \begin{bmatrix} \boldsymbol{R}_{3\times3} & \boldsymbol{T}_{3\times1} \\ \boldsymbol{O} & 1 \end{bmatrix} \cdot \begin{bmatrix} x_w \\ y_w \\ z_w \\ 1 \end{bmatrix} \tag{2.31}$$

（2）从相机坐标系变换到图像坐标系。假设相机坐标系一点 $p(x_C, y_C, z_C)$，成像到图像坐标系中上的一点为 $p'(x, y)$。已知相机的焦距为 $f$，则利用相似三角形原理可得：

$$\frac{x}{x_C} = \frac{y}{y_C} = \frac{z}{z_C} \tag{2.32}$$

将式（2.32）化简可以得式（2.33）、式（2.34）。

$$x = \frac{f}{z_C} \cdot x_C \tag{2.33}$$

$$y = \frac{f}{z_C} \cdot y_C \tag{2.34}$$

将其描述为矩阵形式可得式（2.35）。

$$z_C \cdot \begin{bmatrix} x \\ y \\ 1 \end{bmatrix} = \begin{bmatrix} f & 0 & 0 & 0 \\ 0 & f & 0 & 0 \\ 0 & 0 & 1 & 0 \end{bmatrix} \cdot \begin{bmatrix} x_C \\ y_C \\ z_C \\ 1 \end{bmatrix} \tag{2.35}$$

（3）从图像坐标系变换到像素坐标系。已经求得了世界坐标系点 $P(x_w, y_w, z_w)$ 到图像坐标系中点 $p'(x, y)$ 的变换关系，而计算 $p'(x, y)$ 到像素坐标系上的点 $(u, v)$ 的转换关系，如图 2.13 所示。

由于图像坐标系的原点在图像传感器的中心其计算单位为 mm，而像素坐标系的原点在图片的左上角其计算单位是像素，两者之间的变换方法可以表示为：

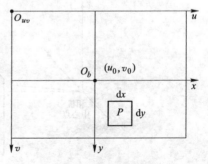

图 2.13 图像坐标系与像素坐标系

$$u = \frac{x}{\mathrm{d}x} + u_0, \quad v = \frac{y}{\mathrm{d}y} + v_0 \tag{2.36}$$

将式（2.36）转换为矩阵形式：

$$\begin{bmatrix} u \\ v \\ 1 \end{bmatrix} = \begin{bmatrix} \dfrac{1}{\mathrm{d}x} & 0 & u_0 \\ 0 & \dfrac{1}{\mathrm{d}y} & v_0 \\ 0 & 0 & 1 \end{bmatrix} \begin{bmatrix} x \\ y \\ 1 \end{bmatrix} \tag{2.37}$$

式中，$(u, v)$ 为像素坐标系的行列位置；$\mathrm{d}x$，$\mathrm{d}y$ 为像素点的物理大小，其表示为 mm/像素，相机传感器的这个参数是固定的。由于相机在装配过程中的误差存在，导致了传感器的位置相较于相机光轴有部分偏移，因此使用 $(u_0, v_0)$ 这两个参数代表其偏移。因此将 $p'(x, y)$ 转换到点 $(u, v)$ 的数学公式表示为式（2.38）、式（2.39）。

$$u = f_x \times \frac{x_C}{z_C} + u_0 \tag{2.38}$$

$$v = f_y \times \frac{y_C}{z_C} + v_0 \tag{2.39}$$

上式中 $f_x = \dfrac{f}{\mathrm{d}x}$，$f_y = \dfrac{f}{\mathrm{d}y}$，表示焦距 $f$ 与像素大小倒数的乘积，使用标定板对相机进行标定时，无法得到参数 $\mathrm{d}x$，$\mathrm{d}y$，$f$，但是可以对 $f_x$，$f_y$ 进行求解，同时 $z_C$ 表示相机坐标系中的深度值。

因此联立上述公式，得到完整的从点 $P(x_w, y_w, z_w)$ 到点 $(u, v)$ 的矩阵数学形式表达为：

$$z_C \cdot \begin{bmatrix} u \\ v \\ 1 \end{bmatrix} = \begin{bmatrix} \dfrac{1}{\mathrm{d}x} & 0 & u_0 \\ 0 & \dfrac{1}{\mathrm{d}y} & v_0 \\ 0 & 0 & 1 \end{bmatrix} \begin{bmatrix} f & 0 & 0 & 0 \\ 0 & f & 0 & 0 \\ 0 & 0 & 1 & 0 \end{bmatrix} \cdot \begin{bmatrix} \boldsymbol{R}_{3\times3} & \boldsymbol{T}_{3\times1} \\ \boldsymbol{O} & 1 \end{bmatrix} \cdot \begin{bmatrix} x_w \\ y_w \\ z_w \\ 1 \end{bmatrix} = \boldsymbol{M}_1 \boldsymbol{M}_2 \begin{bmatrix} x_w \\ y_w \\ z_w \\ 1 \end{bmatrix} \tag{2.40}$$

式中，$\boldsymbol{M}_1$ 为相机内参，内参矩阵包含了焦距 $f$，相机安装过程中的偏移参数 $(u_0, v_0)$，其表示为式（2.41）：

$$\boldsymbol{M}_1 = \begin{bmatrix} f_x & 0 & u_0 \\ 0 & f_y & v_0 \\ 0 & 0 & 1 \end{bmatrix} \tag{2.41}$$

同时，当相机的像素坐标系存在一定的倾斜时，通常在内参矩阵中引入偏斜系数 $s$，此时将内参矩阵表示为：

$$M_1 = \begin{bmatrix} f_x & s & u_0 \\ 0 & f_y & v_0 \\ 0 & 0 & 1 \end{bmatrix} \tag{2.42}$$

综上所述，世界坐标系到像素坐标系转化的具体流程如图 2.14 所示。

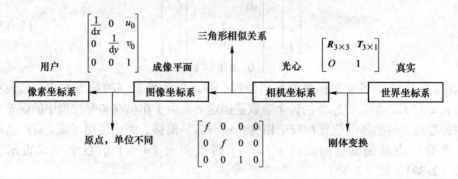

图 2.14　各个坐标系转化流程

# 3 矿区道路图像数据集处理

针对露天矿无人驾驶卡车行进过程中非结构化道路识别研究的前提是矿区道路数据集的构建，首要深入露天矿区进行道路图像的采集，同时针对采集数据的时间位置的局限性，利用计算机视觉中图像滤波和图像降噪等方法进行数据增强，提高数据集的多样性，最后构造后续研究中需要的高质量矿区数据集，提高后续识别模型的高效性与鲁棒性。

## 3.1 图像数据降噪滤波处理

通过成像设备之采集的矿区非结构道路图像，会不可避免地产生一些噪声和伪特征，这些降低了图像质量，不利于道路边缘的特征提取。因此，采集的道路图像需要进行预处理，对道路图像的边缘特征进行筛选。为有效提升实验效果，选取了几种具有边缘保持性质的空域滤波器。

### 3.1.1 均值滤波

均值滤波属于线性滤波，通过邻域平均法来实现其功能，需要设置均值滤波器在图像中滑动，每次滤波器窗口对应图像像素求平均值并填充到目标像素位置，每次的处理区域一般设置为 3×3 像素的正方形，实现过程如图 3.1 所示。

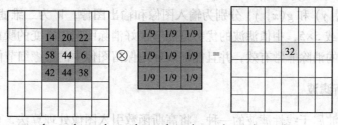

$$14 \times \frac{1}{9} + 20 \times \frac{1}{9} + 22 \times \frac{1}{9} + 58 \times \frac{1}{9} + 44 \times \frac{1}{9} + 6 \times \frac{1}{9} + 42 \times \frac{1}{9} + 44 \times \frac{1}{9} + 38 \times \frac{1}{9} = 32$$

图 3.1 均值滤波过程

均值滤波的公式可以表示为：

$$g(x, y) = \sum_{k, l} f(x + k, y + l) h(k, l) \tag{3.1}$$

式中，$f(x, y)$ 为原图中对应像素点的像素值；$g(x, y)$ 为经过均值滤波后得到的对应的像素值；$h(k, l)$ 为均值滤波器，当均值滤波器 $h(k, l)$ 在原始图像上滑动，与原始图像 $f(x, y)$ 周围的像素做乘积并求和，填充到输出图像每个位置上的像素值 $g(x, y)$。也可以简单记公式（3.2）。

$$g = f \otimes h \tag{3.2}$$

均值滤波实现过程简单高效，通过模糊图像的方法来实现抑制图像中噪声的目的，但是方法存在的缺陷是不能有效保护图像中的局部细节信息，损坏图像中的边缘细节信息，不利于特征的提取。

### 3.1.2 中值滤波

中值滤波属于非线性滤波，与均值滤波采用邻域平均的处理思路不同，中值滤波是通过对目标区域像素值按其大小进行排序，选取其中值插入输出图像的对应目标区域的中心位置，以消除孤立的噪点，其原理如图 3.2 所示。

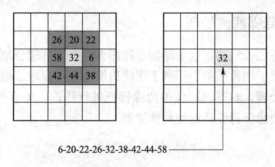

图 3.2 中值滤波过程

中值滤波的公式可以表示为式（3.3）：

$$g(x, y) = med\{f(x - k, y - l)\}, \quad k, l \in W \tag{3.3}$$

式中，$f(x, y)$ 和 $g(x, y)$ 分别为输入图像和输出图像；$W$ 为二维滤波器尺寸，通常为 3×3 或 5×5，中值滤波的优势是能够很好消除图像中突变的噪声，尤其是对椒盐噪声的消除非常有效，并且能够较好地保留图像中的边缘细节信息。

### 3.1.3 高斯滤波

高斯滤波属于线性滤波的一种，将高斯函数引入图像处理算法，可以用来消除高斯噪声，被广泛应用于图像降噪过程中。该方法的核心是对目标点周围像素值及其自身像素值进行加权求和，得到对应位置上目标点的像素值，权重由高斯滤波函数来确定。高斯滤波函数如式（3.4）所示。

$$G(x, y) = \frac{1}{2\pi\sigma^2} e^{-\frac{x^2+y^2}{2\sigma^2}} \tag{3.4}$$

式中，$\sigma$ 为模糊半径，即权重矩阵的大小。当 $\sigma$ 取不同值时，高斯滤波函数图像如图 3.3 所示。

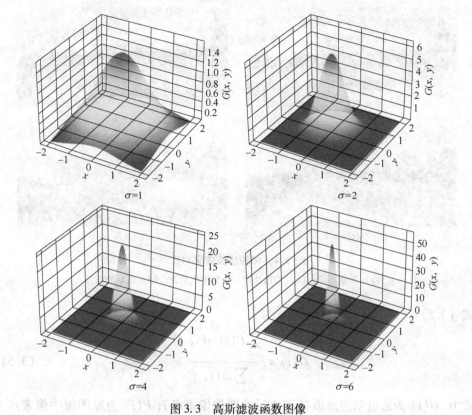

图 3.3 高斯滤波函数图像

由图 3.3 中可知，$\sigma$ 决定图像处理的平滑程度，$\sigma$ 越小经过滤波处理后的图像平滑程度越低，图像保留更多细节信息，反之 $\sigma$ 越大，经过滤波处理后的图像越平滑程度越大。为了达到较好的去噪效果，又不损失过多细节信息，本节中 $\sigma$ 取值为 3。

经过上述三种滤波器对原始图像经过处理后的效果如图 3.4 所示，可以看出均值滤波和高斯滤波的边缘细节损失较为严重，不利于卷积神经网络对矿区道路特征的提取，而中值滤波则较好地保持了矿区非结构化道路的边缘细节信息。

## 3.1.4 双边滤波

双边滤波器是非线性滤波器中的一种，在对图像边缘进行平滑操作时，同时利用了图像的空间域以及值域两方面的信息，可有效保持边缘信息[89]。双边滤波器通过对原图像中全部邻域像素进行加权运算，输出最后的边缘图像。双边滤波器在对图像边缘处理过程中，可以有效保持边缘信息的主要原因在于：加权平均值的计算既考虑了图像欧式距离，也考虑了图像值域中的像素点之间的差异见

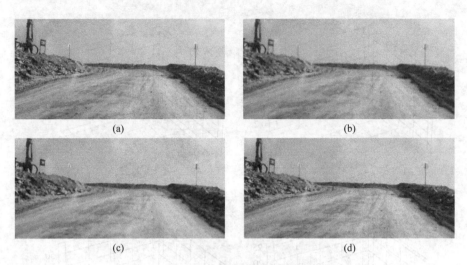

图 3.4　多种滤波效果对比

(a) 原始图像；(b) 均值滤波；(c) 中值滤波；(d) 高斯滤波

式 (3.5)：

$$O(i) = \frac{\sum\limits_{j \in \Omega_i} P(j)\omega(i, j)}{\sum\limits_{j \in \Omega_i} \omega(i, j)} \tag{3.5}$$

式中，$O(i)$ 为通过双边滤波处理之后的图像像素点 $i$；$P(j)$ 为原图像中像素点 $j$ 的初始值；像素点 $i$ 和像素点 $j$ 之间的权重关系用 $\omega(i, j)$ 表示；像素点 $i$ 的邻域用 $\Omega_i$ 表示。权重 $\omega(i, j)$ 用以下公式表示：

$$\omega(i, j) = \omega_d(i, j)\omega_s(i, j) \tag{3.6}$$

$$\omega_d(i, j) = \exp\left(\frac{\|j - i\|^2}{2\partial_d^2}\right) \tag{3.7}$$

$$\omega_s(i, j) = \exp\left(-\frac{\|P(j) - P(i)\|^2}{2\partial_s^2}\right) \tag{3.8}$$

式中，空域权重 $\omega_d(i, j)$ 表示图像像素点之间空间关系，由像素点之间的坐标距离计算得出，值域权重 $\omega_s(i, j)$ 表示图像值域中的像素点之间的强度关系，由像素点之间的强度差异值计算得出，空域和值域的高斯函数的标准差由 $\sigma_d$ 与 $\sigma_s$ 表示。

### 3.1.5　导向滤波

顾名思义，导向滤波器是一种可以利用导向图对图像进行处理的滤波器，其中导向图指的是具有导向意义的图像，既可以是原图像也可以是其他图像[90]。导向滤波所使用的导向图像中的第一主成分通过主成分分析的方式取得。导向滤波器中的局部线性变换如式 (3.9) 所示。

$$O_i = a_j I_i + b_i, \forall_i \in \Omega_j \qquad (3.9)$$

式中，$\Omega_j$ 为像素点 $j$ 的邻域，在像素点 $j$ 的邻域范围内，通过 $a_j$ 和 $b_j$ 系数可以计算得出可以通过导向图对应的像素点；$O_i$ 为输出图像的像素点；$I_i$ 为与导向图相对应的像素点。邻域 $\Omega_j$ 的转换系数用 $a_j$ 和 $b_j$ 表示。为了尽可能有效降低实验误差，求解 $\Omega_j$ 对应的系数 $a_j$ 和 $b_j$，需要最小化以下能量函数：

$$E(a_j, b_j) = \sum_{i \in \Omega_j} \left[ (a_i I_i + b_i - P_i)^2 + \varepsilon a_j^2 \right] \qquad (3.10)$$

式中，$P_i$ 为原图像的像素点；$\varepsilon$ 为正则项的线性回归模型中的一个参数。通过对以上公式求解，得出 $a_j$ 和 $b_j$ 局部的值：

$$a_j = \frac{\dfrac{1}{\Omega} \sum\limits_{i \in \Omega_j} I_i P_i - u_j \overline{P_j}}{\sigma_j^2 + \varepsilon} \qquad (3.11)$$

$$b_j = \overline{P_j} - a_j \mu_j \qquad (3.12)$$

式中，$\overline{P_j}$ 为原图像各个像素点在邻域 $\Omega_j$ 中的平均值；$\mu_j$ 为导向图在邻域 $\Omega_j$ 的平均值；$\sigma_j^2$ 为导向图在邻域 $\Omega_j$ 的方差。由于各个之间的像素点可能出现重叠的情况，所以对其求解平均值，如下所示：

$$O_i = \frac{1}{|\Omega|} \left( \sum_{j \in \Omega_i} a_j I_i + \sum_{j \in \Omega_i} b_j \right) \qquad (3.13)$$

式中，$|\Omega|$ 为邻域中像素点的数量。

### 3.1.6 加权最小二乘滤波

最小二乘法是一种寻找数据之间最优匹配的优化方法，通过对误差平方和进行最小化运算[91]，求解最小误差平方和。最小二乘法更适用于求解误差变化较大的情况，假定误差之间的方差为常数或接近于常量。在被应用与图像滤波时，对最小二乘法中的目标函数进行最小化运算，得到较为平滑的图像，则损失函数 $f(u)$ 可表示为：

$$\sum_c \left\{ (O_c - P_c)^2 + \lambda \left[ a_x, c(P) \left( \frac{\partial O}{\partial x} \right)^2 + a_y, c(P) \left( \frac{\partial O}{\partial y} \right)^2 \right] \right\} \qquad (3.14)$$

可以改写为：

$$\sum_c \left\{ (O_c - P_c)^2 + \left[ a_x, c(P) \left( \frac{\partial}{\partial x} \right)^2 + a_y, c(P) \left( \frac{\partial}{\partial y} \right)^2 \right] \right\}$$

其矩阵形式为：

$$(O - P)^{\mathrm{T}}(-P) + \lambda (D^{\mathrm{T}} O + O^{\mathrm{T}} O) \qquad (3.15)$$

令 $f(u)$ 导数为 0，可得优化目标的解满足的方程：

$$(I + \lambda L_g) O = P$$

其中，
$$L_g = D_x^{\mathrm{T}} A_x D_x + D_y^{\mathrm{T}} A_y D_y \qquad (3.15)$$

式中，$c$ 为图像中像素点的坐标；$O$ 为未经滤波处理之前的原图像数据；$P$ 为经过滤波器处理之后的图像数据。式（3.14）中，$\sum_c (O_c - P_c)^2$ 的作用是保证经滤波器处理之后的图像数据与处理之前的数据保持一致，$\lambda(a_x, c(P)(\partial O/\partial x)^2)$ 是一个正则项，$\lambda$ 是正则项系数，经过滤波处理的图像平滑程度与最小化偏差相关，最小化偏差越小，平滑程度越高，偏差项之前的系数 $a_x, c(P)$ 和 $a_y, c(P)$ 的存在是为了保留边缘信息，避免图像边缘过于平滑。基于原图像得出的平滑权重系数 $a_x, c(P)$ 和 $a_y, c(P)$ 的定义如下：

$$a_x, \ c(P) = \left[ \left( \frac{\partial l}{\partial x}(c) \right)^2 + \varepsilon \right]^{-1} \qquad (3.16)$$

$$a_y, \ c(P) = \left[ \left( \frac{\partial l}{\partial y}(c) \right)^2 + \varepsilon \right]^{-1} \qquad (3.17)$$

式中，$l$ 是未经滤波处理之前的原图像对数值，图像边缘的梯度幅值越大对应的系数越小，两者成反比关系，由此使得图像边缘得以保持。为了降低计算难度，将目标函数式（3.14）变为如下矩阵形式：

$$(O - P)^{\mathrm{T}}(O - P) + \lambda(O^{\mathrm{T}} D_x^{\mathrm{T}} A_x D_x O + O^{\mathrm{T}} D_y^{\mathrm{T}} A_y D_y O) \qquad (3.18)$$

其中，平滑权重用 $A_x$ 和 $A_y$ 表示；$D$ 为前向离散差分算子；$D^{\mathrm{T}}$ 为后向离散差分算子。按照一定的运算规则将 $O$ 和 $P$ 进行变换为向量形式，利用求导公式对式（3.18）进行求导，变换结果如下线性方程组所示：

$$(I + \lambda L_g)O = P \qquad (3.19)$$

$$L_g = D_x^{\mathrm{T}} A_x D_x + D_y^{\mathrm{T}} A_y D_y \qquad (3.20)$$

### 3.1.7　小波滤波

在图像预处理中常用高斯滤波进行平滑降噪处理，高斯函数对数据的处理主要依据像素点的位置信息，但忽略了像素值的大小，处理后的图像边缘模糊，因而无法有效准确地判断图像的具体信息。本书将采用小波阈值滤波代替高斯滤波，其基本思想是：首先，选取一个合适的阈值，依据相关规则对小波变换后的小波阈值进行阈值处理，得到估计小波系数；然后利用这些估计的小波系数进行小波重构以还原去噪后的图像。小波去噪算法[92]在时域和频域都具有表征信号局部特征的能力，且能较好的保留图像边缘细节信息。小波变换通过一系列的小波函数的叠加操作（或者说不同尺度、时间的小波函数拟合）将图像信息分解，公式如下所示。

尺度函数：

$$\phi_{jk}(x, \ y) = 2^{-\frac{j}{2}} \emptyset(2^{-j} x - k, y - k), j,k \in Z \qquad (3.21)$$

小波函数：

$$\Psi_{jk} = 2^{-\frac{j}{2}} \Psi \varnothing (2^{-j} x - k, y - k), \forall j, k \in Z \tag{3.22}$$

最后通过下面的离散变化公式得到离散小波：

$$W_\phi = \frac{1}{\sqrt{MN}} \sum_{x=0}^{M-1} \sum_{y=0}^{n-1} f(x, y) \varnothing_{j,m,n}(x, y)$$

$$W_\psi = \frac{1}{\sqrt{MN}} \sum_{x=0}^{M-1} \sum_{y=0}^{n-1} f(x, y) \varnothing_{j,m,n}(x, y) \tag{3.23}$$

式中，$j$ 为任意开始的尺度；$W_\phi$ 系数为既定尺寸上 $f(x, y)$ 的近似值；$W_\psi$ 表示附加在水平、垂直和对角方向的图像细节。

阈值函数的选取规定了以何种方法来处理小波系数。硬阈值函数可以在一定程度上保留图像的局部原始信息，但是其不连续性会在图像的边缘部分引入新的噪声点，出现伪吉布斯形影、振铃等视觉失真现象；软阈值函数具有良好的连续性，但在一定程度上会造成图像细节的丢失。基于以上考虑，采用硬阈值与软阈值之间的半软阈值函数对 HSV 空间内的 $s$ 分量、$v$ 分量图像进行处理，改进后的半软阈值函数为：

$$\varpi = \begin{cases} 0, & |\omega| \leqslant \partial_1 \\ \mathrm{sgn}\omega \dfrac{\partial_2(|\omega| - \partial_1)}{\partial_2 - \partial_1}, & \partial_1 < |\omega| \leqslant \partial_2 \\ \dfrac{|\omega^2| - 2\partial_2^2}{\omega}, & |\omega| \geqslant \partial_2 \end{cases} \tag{3.24}$$

式中，$\omega$ 为含噪信号的小波系数；$\varpi$ 为经过阈值化处理后的系数；$\partial_2$ 和 $\partial_1$ 分别为半阈值函数中的上阈值和下阈值。该方法综合了硬阈值函数和软阈值函数的优点，不仅有效降低了失真现象的产生，而且检测出的边缘具有良好的连续性，因此基于半软阈值的小波去噪方法更有利于图像降噪处理。

## 3.2 图像数据增强处理

由于露天矿区环境复杂多变，采集的数据具有一定的局限性，往往无法有足量的数据保证同真实世界的数据分布一致。为了提升泛化能力除了进行迁移学习外还需要进行一定量的数据扩充。数据增强的思想是模拟原有数据的部分特征，构建相似数据，相当于添加了可控噪声。这其中需要考虑扩充对原有数据集的破坏性和时效性，现有的增强方法有翻转、旋转、缩放、平移、插值和添加高斯噪声等，考虑到目标检测的特殊性，通常的做法是翻转和添加高斯噪声，因为缩放平移差值等方法对检测框坐标的扰动过大，可能使得数据集产生失真，影响网络的训练。

### 3.2.1 直方图均衡化

直方图均衡化是针对具有多个灰度等级的像素，需要尽可能使得各个灰度等级出现频率的概率密度函数贴近于常数。例如在阴天拍摄的矿区道路图像时，图像整体会偏暗，灰度等级绝大部分处于较低的水平，当使用直方图均衡化进行增强时则会尽可能保证各个灰度等级出现频率一致，因此对图像会有明显的亮度提升，并且直方图均衡化后的通常会具有更高的对比度，在图像中可以表现出更加明显的细节信息。

由于直接对 $RGB$ 图像的 $R$、$G$、$B$ 三个通道进行直方图均衡化会导致彩色色调的改变，导致图像严重失真。由于 $YUV$ 颜色空间具有三个独立的颜色空间，亮度信号 $Y$ 和色度信号 $U$、$V$ 相分离，由于该颜色空间类似于人类的视觉系统，因此可以将 $RGB$ 图像变换到 $YUV$ 颜色空间中，对亮度信号 $Y$ 进行直方图均衡化处理，$U$、$V$ 则保持不变，该方法可以在保障图像不失真的前提下，达到增强矿区道路区域特征的作用。

$RGB$ 和 $YUV$ 颜色空间的换算公式（3.25）为：

$$\begin{bmatrix} Y \\ U \\ V \end{bmatrix} = \begin{bmatrix} 0.298 & 0.586 & 0.113 \\ -0.146 & -0.287 & 0.435 \\ 0.614 & 0.513 & -0.101 \end{bmatrix} \begin{bmatrix} R \\ G \\ B \end{bmatrix}$$

$$\begin{bmatrix} R \\ G \\ B \end{bmatrix} = \begin{bmatrix} 1 & 0 & 1.138 \\ 1 & -0.394 & -0.580 \\ 1 & 2.031 & 0 \end{bmatrix} \begin{bmatrix} Y \\ U \\ V \end{bmatrix} \tag{3.25}$$

其中 $Y$ 表示彩色的亮度，即其与 $RGB$ 颜色空间通过以下的公式转化：

$$Y = 0.3R + 0.59G + 0.11B \tag{3.26}$$

直方图均衡化的是假设图像有 $n$ 个像素点，包含 $l$ 个灰度级，其中第 $k$ 个灰度级表示 $r_k$，对应像素点的数量为 $n_k$，那么这一灰度级在全图像素点数量的占比为：

$$P_r(r_k) = \frac{n_k}{n}, 0 \leq r_k \leq 1, k = 0,1,\cdots,l-1 \tag{3.27}$$

灰度级非线性变换函数 $T(r_k)$ 为：

$$s_k = T(r_k) = \sum_{l=0}^{k} \frac{n_l}{n}, 0 \leq r_k \leq l, k = 0,1,\cdots,l-1 \tag{3.28}$$

在 $YUV$ 色彩空间中对 $V$ 变量进行直方图均衡化，该方法能够保障像素点在变换过程中像素值的大小关系相对保持不变。如图 3.5 所示为矿区道路图像利用直方图均衡化增强后的结果，可以看出图像中较亮的部分经过增强后仍然很亮，而色彩较暗的部分增强后亮度有所提升，但图像中的相对亮度大小保持不变，并且在保持整体图像不失真的前提下，明显提升了局部对比度，较好地凸显出矿区道路图像的细节特征，并且 RGB 色彩直方图也趋于平稳，如图 3.6 所示。

(a)                (b)

图 3.5　原始图像与直方图均衡化图像

（a）原始图像；（b）直方图均衡化图像

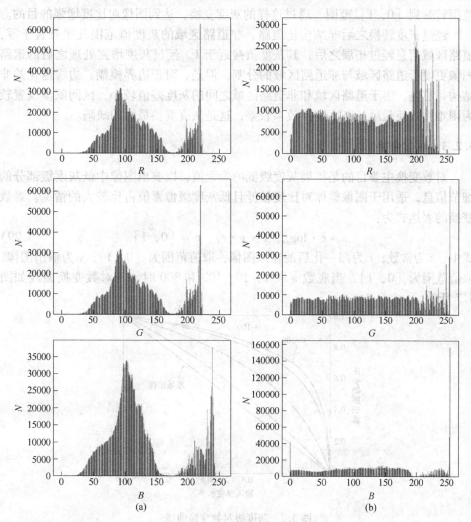

(a)                (b)

图 3.6　原始图像与直方图均衡化后 RGB 直方图对比

（a）原始图像 RGB 直方图；（b）直方图均衡化后 RGB 直方图

### 3.2.2 灰度变换

灰度变换是一种简单、快捷的图像增强算法，对于道路区域与非道路区域有明显区别的道路图像，通过灰度值变换可以将道路区域非道路区域的亮度值划分到不同的区域。根据亮度值设置合适的阈值，可进一步提取原图像中的道路区域信息，对其进行细化处理。灰度变换最大的优点是操作简单，尤其对于道路区域与非道路区域差别明显的道路图像有效较好处理效果。根据一定比例对灰度图像进行线性变换，其灰度值由 [0, 255] 转换到 [0, 1] 之间。假如输入图像的道路区域灰度值范围为 [0.4, 0.7]，经过灰度变换可将道路区域的会将灰度值范围转变到 [0, 1] 范围，通过这样的灰度变换，达到图像对比度增强的目的。

经过灰度转换之后非结构化道路，非道路区域的灰度值范围几乎被置于零，道路区域信息经过拓展之后，其灰度值接近于1。经过灰度增强处理之后的道路图像更便于道路区域与非道路区域的分割，但是，对于边界模糊、边缘退化的非结构化道路，由于道路区域和非道路区域之间的灰度差值较小，区间阈值设置较为困难，致使最后的灰度变换效果较差，这是灰度变换最大的缺陷。

### 3.2.3 对数变换

对数变换主要目的是扩展灰度级低的像素值，以突出图像中低灰度级部分的细节信息，适用于图像整体对比度较低且低灰度级像素值占比较大的情况。对数变换的表达式为：

$$s = c \cdot \log_{v+1}(1 + v \cdot r), \ r \in [0, 1] \tag{3.29}$$

式中，$c$ 为常数；$r$ 为归一化后的输入图像，取值范围为 [0, 1]；$s$ 为输出图像，取值范围为 [0, 1]，当底数 $v$ 取 1，10，100 和 300 时，其对数变换曲线如图 3.7 所示。

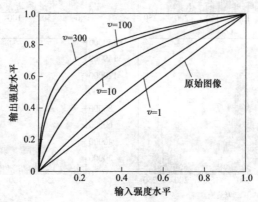

图 3.7 灰度级对数变换曲线

观察对数变换曲线可知，当 $v$ 取 100 时，原始图像上 0~0.4 的暗部区域经过对数运算后变换到0~0.8之间，能有效提升其暗部区域的亮度，而0.4~1的像素值变换到0.8~1之间，将亮部区域像素值进行压缩，在较暗区域对比度将得到提升，因而能增强图像的暗部细节信息。另一方面，$v$值和底数值越大时，会使得增强算法对图中低灰度像素区域的增强越明显，对高灰度像素区域的抑制越明显。如图3.8所示，应用对数变换进行矿区道路图像增强，对数变换后的图像在一定程度上缓解了小水沟、湿土造成的阴影部分对于道路区域整体特征的影响。

(a)　　　　　　　　　　　　(b)

图3.8　原始图像与对数变换图像

（a）原始图像；（b）对数变换图像

### 3.2.4　伽马变换

伽马变换主要目的是对图像中亮度过高或亮度不足的区域进行调节，以平衡图像整体亮度分布。具体而言，主要实现手段是利用伽马变换，使图像中暗部区域的灰度级得到增强，图像中亮部区域灰度级得到抑制，经过伽马变换后，会提高图像的细节表征。伽马变换的表达式为：

$$s = cr^\gamma, \quad r \in [0, 1] \tag{3.30}$$

式中，$r$为归一化后的输入图像，取值范围为$[0, 1]$；$c$为灰度缩放系数；$s$为伽马变换后的输出图像，取值范围为$[0, 1]$；$\gamma$为伽马因子，决定图像对于不同灰度级区域的调节程度。图3.9所示为伽马变换曲线。

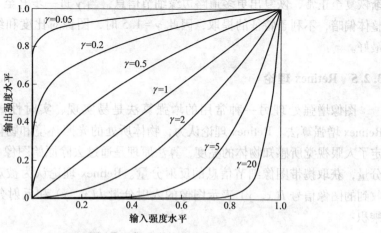

图3.9　伽马变换曲线

从伽马变化曲线中可知，$\gamma$ 值的大小不同，其对不同灰度级图像的增强程度不同。当 $\gamma=1$ 时表示原始图像，以 1 作为分界线，$\gamma$ 值越小，表示图像在低灰度级的部分扩展效果越好，原图中的暗部细节信息得到增强；$\gamma$ 值越大，表示图像高灰度级的部分扩展效果越好，一定程度上减轻了过曝问题。通过改变 $\gamma$ 值的大小，来调整图像中不同灰度级的占比，以增强图像整体的细节信息。图 3.10 为经过伽马变换后的矿区道路图像。

(a)　　　　　　　　　　　　　　(b)

(c)　　　　　　　　　　　　　　(d)

图 3.10　原始图像与伽马变化图像
（a）伽马变换图像（$\gamma=0.5$）；（b）原始图像（$\gamma=1$）；
（c）伽马变换图像（$\gamma=1.5$）；（d）伽马变换图像（$\gamma=2$）

伽马变换图像中观察发现，当 $\gamma$ 从 0.5 升至 1.5 时，矿区道路图像从过曝逐渐恢复至正常，恢复出更多道路边缘细节信息，当 $\gamma$ 进一步升至 2 时，会使图像整体偏暗，不利于特征的提取，因此 $\gamma=1.5$ 时，图像对比度和细节信息的表现最好。

### 3.2.5　Retinex 理论

图像增强处理另一种常用的增强算法是易实现、实时性高、运算简单的 Retinex 增强算法。Retinex 理论认为，物体所处的光照环境和物体对光的反射决定了人眼视觉所感知物体的亮度，算法原理是通过去除原始图像中环境光的入射分量，获取携带图像细节信息的反射分量。Retinex 理论认为被观察或照相机接收到的图像信号 $I(x, y)$ 表示图像的入射分量 $L(x, y)$ 和反射分量 $R(x, y)$ 的乘积：

$$I_{(x, y)} = L_{(x, y)} \times R_{(x, y)} \tag{3.31}$$

单尺度 Retinex 算法（single scale retinex，SSR）是 Jobson 等人在 Land 等人的研究基础上提出的。

$$\lg[R(x, y)] = \lg[I(x, y)] - \lg[F(x, y) * I(x, y)] \tag{3.32}$$

式中，$F(x, y)$ 表示高斯卷积函数，多尺度 Retinex 算法（multi scale retinex，MSR）是通过加权算法对单尺度函数在的尺度下进行的叠加：

$$R_i(x, y) = \sum_{n=1}^{N} w_k \{\lg(I_i(x, y)) - \lg[F_k(x, y) * I_i(x, y)]\} \tag{3.33}$$

式中，$R_i(x, y)$ 为多尺度 Retinex 算法的输出结果；$F_k(x, y)$ 为尺度函数；当 $k = 1$ 时，多尺度 Retinex 算法变为单尺度 Retinex 算法，表示对应第 $k$ 个尺度的权重因子。

Retinex 理论同样适用于 $v$ 分量图像，图像的 $v$ 分量也可以表示为入射光与反射光的乘积，其表达式如下：

$$I_{v(x, y)} = L_{v(x, y)} \times R_{v(x, y)} \tag{3.34}$$

式中，$R_v(x, y)$ 为 $v$ 分量图像在 $(x, v)$ 处的反射分量，包含了图像的低频信息，$L_v(x, v)$ 为 L 分量在 $(x, v)$ 处的入射分量，包含了图像边缘等相应的高频信息。将多尺度 Retinex 原理应用于亮度分量，计算出反射分量 $R_v(x, y)$：

$$R_v(x, y) = \sum_{n=1}^{N} w_n \{\lg(I_v(x, y)) - \lg[F_n(x, v) * I_v(x, y)]\} \tag{3.35}$$

式中，$N$ 为尺度参数总数；通常取 $N = 3$；$*$ 为运算卷积；$F_n(x, y)$ 为不同尺度参数的环绕卷积函数，通常用高斯函数来表示，函数满足 $\iint F_n(x, y) \mathrm{d}x\mathrm{d}y = 1$，$w_n$ 为第 $n$ 个尺度对应的加权系数，满足 $\sum_{n=1}^{N} w_n = 1$。

## 3.3　矿区道路图像数据集构建

### 3.3.1　矿区道路图像数据集标注

在深度学习语义分割模型训练学习时，需要对预处理后的矿区道路图像中道路与非道路区域的对应像素点进行标注，本书将矿区道路区域的像素点标注为红色，非道路区域标注为黑色，标注准则如表 3.1 所示。

表 3.1　矿区道路图像标注颜色准则

| 目　标 | 编号 | RGB 像素值 |
|---|---|---|
| 背景区域 | 0 | (0, 0, 0) |
| 矿区道路区域 | 1 | (255, 0, 0) |

图像数据在标注过程中的完整性和准确性在一定程度上决定了卷积神经网络

模型对目标区域分割检测精确性，需要有一个统一的准则，以保障标签数据能够有效地辅助像素级的语义理解任务。针对矿区非结构道路场景的标注，对安全的可行驶道路区域进行标注为矿区道路区域，非行驶区域的边缘危险地带统一标注为背景区域，示例如图 3.11 所示。

(a) (b)

图 3.11 标签制作示例

（a）原始图片；（b）标签图片

本书中的数据集于 2019~2021 年间在多个金属与非金属露天矿进行实地采集，通过对露天矿区障碍物和行车安全进行分析，确定了检测目标，包括卡车、行人、挖机、汽车、道路坑洞、道路积水和尖锐碎石七类。在不同季节与不同光照条件下，数据集共包含 2081 张图像。其中坑洞和积水作为负向障碍，位于路面下方且尺寸形状各异，同时行人和尖锐碎石往往占据像素面积极少，这导致了本书数据集存在大量多尺度特征和小目标障碍，如图 3.12 所示。

(a) (b) (c)

(d) (e) (f)

图 3.12 露天矿区障碍物

（a）道路积水障碍物；（b）道路坑洞障碍物；（c）挖机障碍物；

（d）尖锐碎石障碍物；（e）汽车障碍物；（f）卡车障碍物

### 3.3.2 矿区道路图像数据增强

由于采集到的矿区道路图像场景的局限性，未考虑灰尘、雾天、雨雪天等不同环境下的图像多样性，在本章中需要进行数据增强，提高矿区道路分割检测实验对多样性环境下的适用性。通过对于图像增强算法和图像滤波算法的分析，由于中值滤波在矿区道路环境中能够很好地消除灰尘等椒盐噪声造成的影响，并且直方图均衡化对图像中的光照因素的干扰，具有较好的鲁棒性，并能够较好地凸显出道路区域的整体与细节特征，因此本书采用这两种方法对矿区道路图像进行数据增强预处理。该预处理步骤流程如图 3.13 所示。

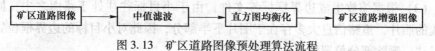

图 3.13　矿区道路图像预处理算法流程

本书重点考虑雪花导致的矿区道路环境，本研究向原始图像中随机添加椒盐噪声中的白色噪声，来模拟雪天矿区道路环境，随后对矿区道路图像进行滤波去噪和直方图增强，结果如图 3.14 所示。

（a）　　　　　　　　　　　　　　　　（b）

图 3.14　矿区道路图像增强

（a）模拟雪天道路图像；（b）增强处理后图像

本书图像预处理方法在可以较好凸显出矿区道路图像边缘细节信息的同时，还能有效消除噪声，最后将预处理后得到的图像并入原始图像数据集中，丰富数据来源，增加实验数据的多样性，提高矿区道路分割检测语义分割模型的泛化能力。

### 3.3.3 矿区道路图像数据集扩增

本书数据集的训练集过少，难以使网络达到很好的拟合状态，因此通过数据扩增进一步丰富数据集。数据扩增是指在不增加原始图像数据的情况下，只是对原始图像进行一些变换，使得样本量增加，同时在扩增时，样本标签也会一并转换。本书刊号对图片进行了 90°、180°、270° 旋转，改变亮度，灰度化，使样本扩增为原来的6倍,丰富了不同光照条件和多尺度下的样本数量,在训练过程中可以去拓展模型泛化性能。

同时由于尖锐碎石在图像中占据很少的像素比例,处于道路中间,与道路的背景信息差异较小,导致其检测难度很大。而在本书数据集中尖锐碎石样本较少,这导致了训练样本的不均衡,会进一步增加碎石的检测难度。为此本书针对尖锐碎石较小、样本量较少难以检测的问题,使用了一种小目标增强方法,其具体流程如下所示。

(1) 读取原始图片及其标签文件;

(2) 将小目标(尖锐碎石)图像进行缩放;

(3) 根据缩放生成边界框标签文件,由于小目标往往处于路面之中,同时采集的照片,道路信息大多存在于图片下半部分,因此对小目标的边界框位置进行过滤,删除部分位置错误的标签文件;

(4) 与原始标签文件进行交并比计算,防止尖锐碎石图片生成的位置与原始图片中的目标重叠;

(5) 将生成的小目标(尖锐碎石)图像,使用泊松融合方法[93]与原始图片相融合。

泊松融合实质为求取梯度向量场引导下的影像插值,其数学表达如下:

设二维影像图像平面 $S(S \in R^2)$ 上有一闭合区域为 $\Omega$,其边界为 $\partial\Omega$,$V$ 为定义在 $\Omega$ 上的梯度向量场,$f$ 为定义在 $S$ 上的标量函数,已知 $f$ 在 $\partial\Omega$ 上的取值为 $f^*$,则 $f$ 在 $\Omega$ 内取 $V$ 引导下的插值函数,即求解极值问题[94]。

$$\min_f \iint |\nabla f - V|^2, \ f|_{\partial\Omega} = f^*|_{\partial\Omega} \tag{3.36}$$

式中,$\nabla f$ 表示为 $f^*$ 的梯度,由于求解 $\nabla f$ 可以构成一个泊松方程(poisson's equation),因此可化为:

$$\Delta f = \mathrm{div}V, \ f|_{\partial\Omega} = f^*|_{\partial\Omega} \tag{3.37}$$

式中,$\Delta$ 为 Laplace 算子,div 为 Dispersion 算子,$f|_{\partial\Omega} = f^*|_{\partial\Omega}$ 为 Dirichlet 边界条件。

对于本书的图像融合应用,式(3.37)的离散化形式为:

$$\min_{f_\Omega} \sum_{<p,\ q> \cap \Omega \neq \otimes} (f_p - f_q - V_{pq})^2 \tag{3.38}$$

式中,<p, q>为一对四连通相邻像素点;$f_p$,$f_q$ 分别为 $f$ 在像素点 $p$,$q$ 的取值;$V_{pq}$ 为向量场 $V$ 中由 $p$ 到 $q$ 的向量,边界条件变为 $\forall_p \in \partial\Omega, f_p = f_q^*$($f_q^*$ 为 $f_q$ 在像素点 $q$ 上的取值)。

数据扩增后的图像如图3.15所示。增强前后数据集中的样本分布如表3.2所示。

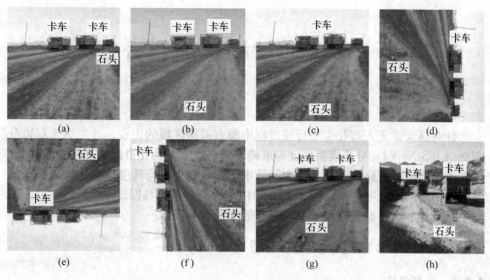

图 3.15 数据扩增图像

(a) 原图；(b) 降低亮度；(c) 灰度化；(d) 旋转 90°；
(e) 旋转 180°；(f) 旋转 270°；(g)(h) 小目标增强

表 3.2 数据增强前后样本分布

| 类 别 | 坑洞 | 积水 | 卡车 | 碎石 | 挖机 | 行人 | 汽车 | 图片数 |
| --- | --- | --- | --- | --- | --- | --- | --- | --- |
| 训练集增强前 | 540 | 602 | 1585 | 113 | 342 | 217 | 178 | 1581 |
| 训练集增强后 | 3240 | 3612 | 9610 | 1028 | 2052 | 1302 | 1068 | 9486 |
| 测试集 | 171 | 128 | 539 | 54 | 105 | 118 | 98 | 500 |

如表 3.2 所示，本书使用图像旋转扩增障碍物的多尺度特征，通过调整亮度和灰度化增强不同光照条件数据，使数据集扩增为原始数据集的 6 倍，同时针对尖锐碎石的样本量偏少，使用了小目标增强算法，使其样本数据增加到 1028 个。

# 4 矿区非结构化道路分割

针对露天矿无人驾驶卡车行驶过程中前方道路区域的识别，首先引入双边分割网络 BiSeNetV2，分析模型精度与准确率对矿区非结构化道路识别任务的优势，进而考虑到矿区道路识别任务的实际需求，对该模型进行深度优化，构造矿区道路识别网络 OP-BiSeNetV2，并对第 3 章构建的矿区道路数据集进行训练学习，最后对得到的矿区道路识别模型的性能与效率进行验证。

## 4.1 BiSeNetV2 双边分割网络模型

### 4.1.1 模型结构

BiSeNetV2[95]网络模型由 Yu 等人于 2020 年提出，为解决传统轻量级卷积神经网络为加快推理效率，牺牲底层细节信息从而导致准确率大幅度下降的问题，该网络模型的创新点在于将底层细节信息与高层次的语义信息分开处理，有效的平衡速度与准确率，本章将该轻量型网络用于矿区道路区域分割识别，网络结构如图 4.1 所示。

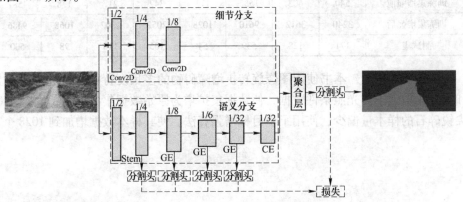

图 4.1　BiSeNetV2 语义分割网络结构

在特征提取阶段由具有高通道浅层的细节分支与低通道深层的语义分支的双边网络结构组成，分别用于提取局部空间细节信息和捕获高层次的全局语义信息，然后利用双边引导聚合层对两个分支提取到的多尺度特征进行融合，并恢复至原始尺寸，输出预测结果。此外，在不增加推理复杂度的情况下，在训练阶段添加了 Seg Head 增强训练策略，进一步提高了网络训练模型的准确性。

### 4.1.2 道路特征提取阶段

在进行矿区道路特征提取阶段，BiSeNetV2 利用双分支结构，分别进行细节特征与语义特征的提取，该特征提取部分的实例化如表 4.1 所示，其中 opr 表示操作模块，k 表示卷积核的尺寸，c 表示通道数，s 表示步长，r 表示该模块的重复次数。

**表 4.1 BiSeNetV2 特征提取实例化**

| 阶段 | 细节分支 | | | | | 语义分支 | | | | | 输出尺寸 |
|---|---|---|---|---|---|---|---|---|---|---|---|
| | opr | k | c | s | r | opr | k | c | s | r | |
| Input | | | | | | | | | | | 640×256 |
| S₁ | Conv2d | 3 | 64 | 2 | 1 | | | | | | 320×128 |
| | Conv2d | 3 | 64 | 1 | 1 | | | | | | 320×128 |
| S₂ | Conv2d | 3 | 64 | 2 | 1 | Stem | 3 | 16 | 4 | 1 | 160×64 |
| | Conv2d | 3 | 64 | 1 | 2 | | | | | | 160×64 |
| S₃ | Conv2d | 3 | 128 | 2 | 1 | GE | 3 | 32 | 2 | 1 | 80×32 |
| | Conv2d | 3 | 128 | 1 | 2 | GE | 3 | 32 | 2 | 1 | 80×32 |
| S₄ | | | | | | GE | 3 | 64 | 2 | 1 | 40×16 |
| | | | | | | GE | 3 | 64 | 1 | 1 | 40×16 |
| S₅ | | | | | | GE | 3 | 128 | 2 | 1 | 20×8 |
| | | | | | | GE | 3 | 128 | 1 | 3 | 20×8 |
| | | | | | | CE | 3 | 128 | 1 | 1 | 20×8 |

（1）细节分支。由于道路边缘细节信息复杂并且较为重要，该网络模型使用具有浅层高通道卷积结构的细节分支对矿区道路进行特征提取，浅层卷积结构提取到细节信息并降低了内存访问成本，提高模型推理速度，较高的通道数可以完成对多种局部信息的编码。该分支经历了在 S₁、S₂、S₃ 三个阶段，每个阶段由 2~3 个 Conv2D 卷积块组成，其中 Conv2D 的运算如式（4.1）所示：

$$O = g_s^{3*3} = \delta(\partial(f_s^{3*3}(I))) \tag{4.1}$$

式中，$O$ 为 Conv2D 的输出特征图；$g_s^{3*3}$ 为卷积核为 $3*3$，步长 $s$ 为的 Conv2D；$I$ 为 Conv2D 的输入特征图；$f_s^{3*3}$ 为卷积核 $3*3$，步长为 $s$ 的卷积运算；$\partial$ 为批处理规范化；$\delta$ 为 ReLU 激活函数。

在细节分支中每个阶段分别使用步长为 2 的 Conv2D 模块共进行了三次下采样，该分支输出特征图为输入图像尺寸的 1/8。

在进行矿区道路检测时，由于该分支虽然未进行池化操作，但是在每个阶段分别使用一次步长为 2 的 Conv2D 进行处理，共进行了三次下采样，降低了输出特征图尺寸，通过卷积进行下采样方法与池化操作相比，可以通过参数拟合来保留更多道路局部特征信息，浅层结构又不过多增加网络的复杂度，提高了对矿区道路特征检测的速度。

（2）语义分支。在对露天矿区道路进行特征提取时，为提取全局语义信息，该网络模型设计了语义分支进行矿区道路的高级语义特征进行提取，主要分为 $S_1 \sim S_5$ 五个阶段，分别利用 Stem 模块、多个 GE 模块、CE 模块来实现下采样，并完成语义信息的提取。提取高层次的语义信息需要较大的感受野，因此该分支采取快速下采样策略，提高矿区道路特征的表达水平，快速扩大感受野，并且使用全局平均池化获取上下文关系。语义分支中的核心模块如图 4.2 所示。

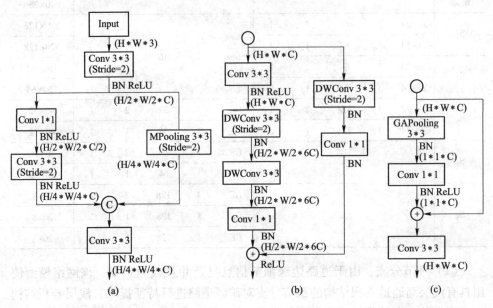

图 4.2　语义分支中的核心模块结构

（a）Stem 模块结构；（b）GE 模块结构；（c）CE 模块结构

在 $S_1 \sim S_2$ 阶段采用 Stem 块，结构如图 4.2（a）所示，该模块首先对原始输入图像进行卷积将原始图像下采样，再使用卷积和池化两种不同的下采样方式来缩小特征图尺寸，最后将这两个分支的输出特征图通道进行叠加并进行卷积提取融合特征，得到 1/4 尺寸的特征图。由于该模块利用卷积和池化两种操作同时进行下采样，能够有效降低运算成本并提升矿区道路特征表达能力。

在 $S_3 \sim S_5$ 阶段，使用多个 GE 块，该阶段属于语义分支的语义整合阶段，每个 GE 块结构如图 4.2（b）所示，该模块中在每个通道上独立采用两个 3 * 3 的深度可分离卷积进行特征提取，相比于一个 5 * 5 的深度可分离卷积，具有相同的感受野但是较好的降低了模块的复杂度。

在 $S_5$ 的最后阶段使用 CE 块，用于整合上下文信息，结构如图 4.2（c）所示，该模块中使用全局平均池化来为特征提取提供注意力机制，并利用残差连接将输入特征图与注意力向量经过 Broadcast 维度扩充后的特征图进行求和融合，有效提取到全局上下文信息，以达到对 GE 层的矿区道路上下文信息的整合。

### 4.1.3 道路特征融合阶段

通过细节分支结构提取的局部细节特征和语义分支结构提取的全局语义特征，需要利用聚合模块对两个分支输出含有不同层次的特征进行融合，以提高矿区道路图像像素级语义分割识别任务的精度。聚合模块的网络结构设计如图 4.3 所示。

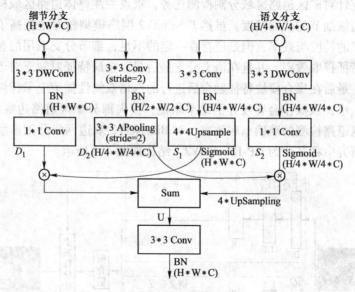

图 4.3 聚合模块结构

由于语义分支输出的特征图是细节分支输出的特征图尺寸的 1/4，在这里将细节分支分为两条路径分别处理，一部分采用卷积核为 3\*3 普通卷积和 3\*3 平均池化操作通过两次下采样得到输入特征图尺寸的 1/4，另一部分使用 3\*3 深度可分离卷积和 1\*1 卷积提升特征提取的效率并改变通道数；同样也将语义分支分为两条路径来处理，一部分利用 3\*3 普通卷积和 4 倍上采样运算提升特征图尺寸，另一部分使用 3\*3 深度可分离卷积和 1\*1 卷积提升特征提取效率并改变通道数，最终细节分支和语义分支分化为 4 个分支，并将其进行更加细致的融合，融合方法如公式（4.2）所示：

$$U = f_2(D_1 \otimes \sigma(S_1), f_1(D_2 \otimes \sigma(S_2))) \tag{4.2}$$

式中，$S_1$、$S_2$、$D_1$、$D_2$ 分别为细节分支和语义分支在聚合模块中第一阶段处理后的特征图；$U$ 为 Sum 块中得到的融合特征图；$\otimes$ 为特征图中对应元素相乘；$\sigma$ 为 Sigmoid 函数；$f_1$ 为对特征图进行 4 倍上采样运算；$f_2$ 为特征图对应元素求和。

本网络模型采用的特征融合方法更加关注两个分支上高层次道路全局语义特征和底层次道路细节特征信息的多样性，利用多尺度引导机制捕获矿区道路中细节与全局中的特征表示，使矿区道路图像中的局部信息和高层次的语义信息进行更有效的融合，进而提升矿区道路检测的性能。

## 4.2    OP-BiSeNetV2 矿区道路分割模型

### 4.2.1    优化模型结构

本研究针对矿区道路区域分割检测任务，重点关注整体道路区域检测的完整性和道路边缘细节的检测精度。虽然 BiSeNetV2 网络模型较好地提高了轻量级语义分割网络的精度与效率，但是还存在一定的不足，细节分支采用的普通卷积模块会降低特征提取效率，并且在语义分支最后提取全局特征时缺乏对于空间注意力的考虑，最后在聚合模块特征融合后进行的八倍双线性插值上采样恢复到原始图像尺寸大小，该操作会导致分割结果粗糙，损失部分矿区道路边缘细节信息。为提升矿区道路检测的准确率和效率，对 BiSeNetV2 双边网络分割模型进行相应优化，本研究中将其称为 OP-BiSeNetV2，结构如图 4.4 所示。

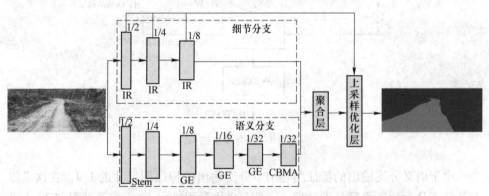

图 4.4    OP-BiSeNetV2 矿区道路检测模型结构

该模型对于 BiSeNetV2 的改进分为以下三部分：

（1）将细节分支的普通卷积块替换为深度可分离卷积组成的具有线性瓶颈的反向残差结构，提高细节分支的特征提取效率的同时，更好的平衡模型精度与效率。

（2）将语义分支部分的具有通道注意力机制的 CE 模块替换为具有通道注意力机制和空间注意力机制相融合的 CBAM 模块，增强对矿区道路图像中空间特征的提取。

（3）将聚合模块恢复后直接通过八倍双线性上采样恢复至原始图像尺寸更改为将聚合模块的输出特征图与细节分支各个模块结合经过上采样优化操作输出预测结果，增强矿区道路检测模型的边缘细节信息。

### 4.2.2　细节特征提取效率优化设计

在 BiSeNetV2 网络中细节分支通过浅层宽通道的传统卷积结构提取了丰富的空间细节信息，但是传统卷积结构主要是通过叠加卷积层数的思想来构造的，这会造成大量的参数累加，不利于语义分割模型的轻量化。在本研究中，为了更加有效地提高矿区道路分割识别模型的效率，并且需要维持优化后的网络特征图感受野不变的特性，将细节分支中的普通卷积模块替换为类似于 MobileNetV2 网络中提出的反向残差连接的线性瓶颈结构（IR, inverted residual）[96] 作为特征提取模块，如图 4.5 所示。

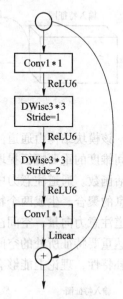

图 4.5　反向残差连接的
线性瓶颈结构

该结构首先是通过 1×1 标准卷积进行特征图维度的映射，提升通道数，以便于获取更多特征，然后利用两次的深度可分离卷积，对映射后的具有高通道的特征图进行高效率的可分离卷积和逐点卷积，用于高效提取更多特征并降低特征图的大小，最后对特征图进行 1×1 恢复至原始输入特征图通道数，然后激活函数采用线性激活函数代替非线性的 ReLU 函数，防止底层的线性特征被破坏，最后通过残差连接与输入特征图进行求和融合得到输出特征图。

一方面，该结构中使用的深度可分离卷积相比传统卷积模块可以大大减少参数量，提高模型分割的效率；另一方面，该结构中的残差结构更有利于提升分割模型的精度。优化后的细节分支理论上可以较好实现特征提取效率与精度的权衡，有利于提升模型对于矿区道路分割检测的能力。

### 4.2.3　注意力机制优化设计

由于 BiSeNetV2 网络中语义分支中的 CE 模块利用全局平均池化并与原始特征图相乘的方法，对特征图的通道添加注意力机制，一定程度提高了语义分割任务的精度。在露天矿区道路图像中，道路部分所占的区域较大，需要较大的感受野才能完整获取到其全局特征，并且需要重点关注道路整体区域在图像中所处的位置，因此本研究中利用空间注意力机制和通道注意力机制相结合的轻量级的卷积块注意力单元 CBAM[96] 替换原始网络模型中的 CE 模块,其结构如图 4.6 所示。

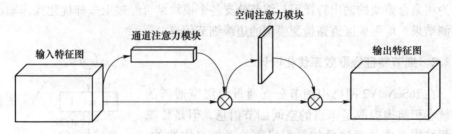

图 4.6 卷积块注意力单元结构

该模块结构由通道注意力和空间注意力两部分组成,分别强调沿通道维度和空间维度的重要特征提取,具体的表现形式如图 4.7 所示,其中 $\sigma$ 表示 Sigmoid 激活函数。通道注意力中分别进行平均池化与最大池化两条分支并实现空间特征信息的聚合,生成两个特征向量在经过多层感知机学习后求和,并通过激活得到通道注意力向量;空间注意力是将上一步得到的特征图的通道进行压缩,侧重于表达重要特征所处的空间位置。因此,CBAM 模块中通道注意力和空间注意力的互补特性,理论上能够有效提升语义分割模型的精度。

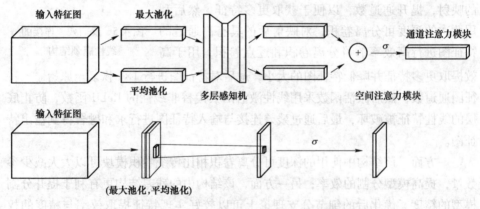

图 4.7 通道注意力与空间注意力的实现

因此利用卷积块注意力单元可以通过学习强调或抑制图像中的某些信息,以增强自适应的细化中间特征映射,有效帮助信息在网络模型中的流动,利用该优化结构理论上能够提高对矿区道路检测的精度。

## 4.2.4 特征图上采样优化设计

由于 BiSeNetV2 网络模型在特征聚合模块后恢复至原始特征图大小时,在上采样过程中仅进行 8 倍双线性插值法,该操作会导致分割结果损失过多细节信息。针对本研究中矿区道路的分割检测，在特征恢复阶段，为了结合更多细节特征信息，提升对道路边缘细节的检测能力，对原始模型的特征图上采样部分进行优化，结构如图 4.8 所示。

在该结构中的上采样方法采用双线性插值法，首先将聚合模块的输出特征图与细节分支 $S_3$ 阶段的输出级联并进行卷积运算和上采样，恢复至输入图像尺寸的 1/4，然后将得到的特征图再次与细节分支 $S_2$ 和 $S_1$ 阶段的输出特征图分类进行卷积上采样。利用本研究中优化的特征图上采样结构，既充分保留了模型中空间与局部的融合信息，又加强了对于细节信息的保留，有利于提升语义分割模型对矿区道路边缘细节的分割检测能力。

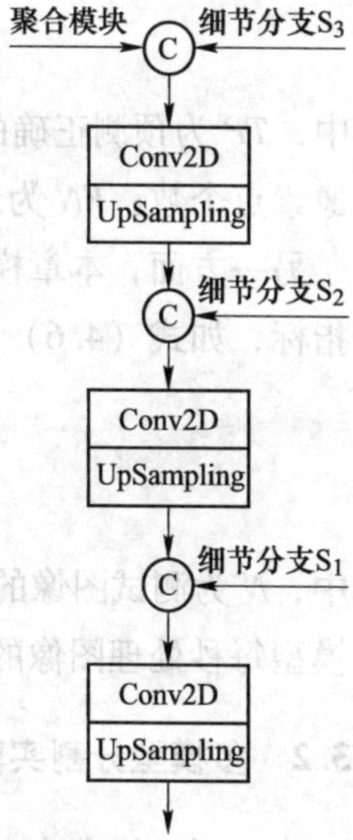

图 4.8 特征图上采样优化层结构

## 4.3 矿区道路分割实验与分析

### 4.3.1 实验准备与设计

本章实验所采用的数据集为第 3 章研究中构造的矿区道路数据集，图像尺寸为 640×256，为 32 的倍数，满足网络模型中至多 5 次下采样的要求，模型训练前无须做尺寸的处理。为了提高最终模型的鲁棒性，在训练开始前对实验数据利用随机平移、随机水平翻转的操作进一步进行增强，并且考虑到道路的自身特性，不进行垂直翻转的操作。最后为了实验样本满足相同的数据分布，在图像输入模型前进行归一化处理，将其像素值以一定分布固定在（0，1）之间，提高网络的运行效率。

本章研究的实验环境配置为：操作系统为 Windows10，显卡型号为 NVIDIA RTX2080Ti，Python 环境为 3.6，Pytorch 版本为 1.2.1。网络输入图像尺寸为矿区道路数据集原始尺寸 640×256，批处理大小设置为 8，选用 Adam 优化器，训练时的最大迭代次数设置为 1000，学习率为 0.0001，动量为 0.9。

本研究对于语义分割模型的效果主要使用 Dice 相似性系数作为网络模型检测精度的评价指标。为了尽可能全面地对道路检测结果进行评价，除此之外还使用了召回率和准确率作为评价指标。Dice 系数（Dice）、召回率（Recall）和准确率（Precision），其计算如式（4.3）~式（4.5）所示：

$$Dice = \frac{2TP}{FP + 2TP + FN} \tag{4.3}$$

$$Recall = \frac{TP}{TP + FN} \tag{4.4}$$

$$Precision = \frac{TP}{TP + FP} \qquad (4.5)$$

式中，$TP$ 为预测正确的矿区道路区域像素点个数；$FP$ 为预测错误的矿区道路区域像素点个数；$FN$ 为预测错误的矿区非道路区域像素点个数。

另一方面，本章模型对于矿区道路检测速度，使用检测帧率（FPS）作为评价指标，如式（4.6）所示。

$$v = \frac{N}{\sum_i^N t_i} \qquad (4.6)$$

式中，$N$ 为测试图像的数量；$t_i$ 为处理第 $i$ 张图像所需要的时间；$v$ 为语义分割网络模型每秒处理图像的张数。

### 4.3.2 多模型分割实验结果分析

将本书改进的双边分割优化网络（OP-BiSeNetV2）分别与 UNet、FastSCNN[97]、BiSeNetV2 这几种语义分割网络模型在矿区道路数据集上进行实验对比，这几种网络的参数量对比如表 4.2 所示。

**表 4.2　语义分割模型参数对比**

| 模　型 | UNet | FastSCNN | BiSeNetV2 | OP-BiSeNetV2 |
|---|---|---|---|---|
| 参数量 | 14.7M | 1.14M | 3.62M | 3.24M |

图 4.9 表示矿区道路分割检测结果，根据直道图像和弯道图像的不同，各选取两张进行语义分割任务的直观分析。其中图 4.9（a）表示原始矿区道路图像，图 4.9（b）表示像素标记得到的标签，图 4.9（c）~（f）分别为 UNet、FastSCNN、BiSeNetV2、OP-BiSeNetV2 模型的分割效果。从图中可以看出 Unet 模型针对两种类型道路的分割结果都比较精确，但是相比于轻量级模型，其模型参数量过大，理论上会严重影响推理速度，难以实现实时的矿区道路分割检测任务；FastSCNN 模型的参数量较小，但是无论是针对直道还是弯道的分割效果，效果普遍较差，无法得到精确的整体道路区域，边缘区域也较为粗糙；BiSeNetV2 网络模型对直道的检测效果较好，在弯道上可能会将山坡部分区域误识别为道路区域，但在道路边缘区域检测也比较平滑；本章的 OP-BiSeNetV2 模型由于细节分支的优化，较好地降低了模型的参数量，并且针对直道和弯道检测都有很好的效果，由于融合了多种注意力机制，分割得到的整体语义和局部信息都比较精准，并使用上采样优化机制，边缘细节表现也较为平滑，总体而言该模型对矿区道路的检测结果相对最优。

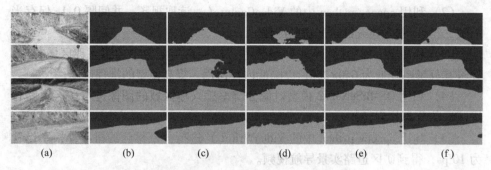

图4.9 多种轻量级语义分割模型的矿区道路检测效果比较

（a）测试图像；（b）标签；（c）Unet；（d）FastSCNN；（e）BiSeNetV2；（f）OP-BiSeNetV2

如表4.3所示为实验得到的评价指标，其中 UNet 采用的传统的普通卷积的编解码器结构，在 Dice 上得到了91.4%的较好性能，但复杂度远远大于轻量型的语义分割网络，在单张图片检测速度方面为12fps，远低于本章所改进的模型；FastSCNN 作为经典的轻量型语义分割网络，其模型非常精简，检测速度达到84fps，但其缺点是分割检测精度过低，Dice 评价指标为86.6%，低于本章优化模型；BiSeNetV2 模型在进行矿区道路检测时 Dice 达到91.9%，并且有55fps 检测速度，在性能和效率方面得到较好平衡；本章优化后的 OP-BiSeNetV2 模型相比 BiSeNetV2 在 Dice 相似性系数上有1.2%的提升，并且由于轻量化模块的优化改进，在检测速度方面也有了17fps 的提高。综上所述，本章所用改进的 OP-BiSeNetV2 模型在露天矿区道路分割检测任务上优于其他主流模型。

表4.3 多种语义分割模型对矿区道路检测的评价指标比较

| 模 型 | Dice/% | 召回率/% | 准确率/% | 每秒传输帧数/fps |
|---|---|---|---|---|
| UNet | 91.4 | 89.6 | 93.5 | 12 |
| FastSCNN | 86.6 | 85.4 | 87.2 | 84 |
| BiSeNetV2 | 91.9 | 90.6 | 93.5 | 55 |
| OP-BiSeNetV2 | 93.1 | 92.8 | 93.8 | 72 |

### 4.3.3 连续帧识别效果测试

经过以上小节实验分析，可以得出 OP-BiSeNetV2 模型针对矿区道路分割任务具有较好实时性与较高精度的效果，本小节拟采用行进中的视频数据进行道路行进区域的实时检测，以达到无人驾驶卡车行进过程中的实时车道导航效果。该评估方法实验流程如下：

（1）选取卡车行进中一段连续帧3s 的矿区道路视频数据；

（2）利用 opencv-python 中的 VideoCapture（）读取视频，并间隔 0.1s 保存当前帧，得到 30 张连续的矿区道路图像。

（3）利用 PIL 库中的 crop（）函数进行矿区道路图像中的感兴趣区域提取，并将其分辨率降低为 640×256，以降低内存占用，提高模型的推理速度；

（4）利用 OP-BiSeNetV2 模型对低分辨率感兴趣区域的图像进行矿区道路行进区域的分割检测任务。

（5）利用 opencv-python 中的 VideoWrite（）进行分割检测的拼接，帧率设置为 10fps，得到矿区道路实景导航视频。

如图 4.10 所示为选取第 6 帧、第 12 帧、第 18 帧、第 24 帧的矿区道路图像应用 OP-BiSeNetV2 模型进行分割的结果，观察可知随着车辆的行进，进行行驶状态下前方道路视频的分割识别任务时，检测到的道路边缘不会因为车辆行驶而发生快速明显的突变，边缘变化相对较为平滑，虽然该方法没有利用到视频上下帧之间存在的紧密关系，但针对连续视频数据依旧能较好地达到矿区道路实时分割检测效果。

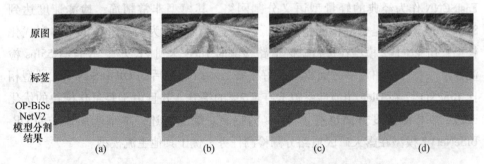

图 4.10 临近帧之间的矿区道路分割检测结果
（a）第 6 帧；（b）第 12 帧；（c）第 18 帧；（d）第 24 帧

## 4.4 本章小结

本章使用矿区道路分割模型 OP-BiSeNetV2 完成露天矿区非结构化道路的分割。首先对双边分割网络 BiSeNetV2 的优势与不足进行深入分析，进而利用深度可分离卷积、注意力机制和上采样优化的方法对 BiSeNetV2 进行优化，构造矿区道路分割模型 OP-BiSeNetV2，并利用矿区道路数据集进行训练学习，然后对得到的矿区道路识别模型进行评估，最后利用卡车行进视频数据进行道路分割识别模型的测试，以验证本文优化模型的准确性与高效性，为后续工作奠定基础。

# 5 矿区非结构化道路边缘线跟踪

道路跟踪在道路的识别领域中占有重要地位，通过跟踪视频帧中的图像序列以达到预测道路模型参数的目的。直接利用卡尔曼滤波对道路进行跟踪，对系统的性能要求较高，且容易受到噪声影响，实时性和鲁棒性难以满足。为了提升边缘跟踪算法的性能，降低边缘噪声的影响，本章在拟合道路边缘之后，再利用卡尔曼滤波对图像进行跟踪检测。

## 5.1 矿区道路边缘线处理

### 5.1.1 矿区道路边缘线提取

矿区道路边缘线是无人驾驶卡车智能导航系统中不可或缺的一部分，控制着无人卡车的行车方向，是卡车感知矿区道路环境的重要判断基础。第 3 章所进行的道路边界提取，是为了道路方向，本章还需在上一章的基础上提取道路边缘信息。边缘提取信息的效果好坏将直接影响到后续的边缘拟合以及边缘跟踪，通过总结第 2 章中介绍的几种经典边缘检测算子可发现：边缘检测的基本思想均是按照某种特定方式将边缘点连接为边缘轮廓。根据道路图像的边缘特点以及边缘优劣评价准则，结合各类边缘检测算法的性能特性，本章选取错误率较低、边缘点定位较好、单边响应原则更高的 Canny 算子对道路边缘进行检测。其算法流程如图 5.1 所示。

输入图像 → 高斯平滑 → 梯度计算 → 非极大值抑制 → 双阈值检测 → 输出图像

图 5.1　Canny 算子边缘检测流程图

（1）输入图像 $f(x, y)$ 进过卷积操作之后得到平滑后的图像，Canny 算子中的卷积操作采用高斯滤波器 $G(x, y)$。

$$f'(x, y) = f(x, y) * G(x, y)$$

$$G(x, y) = \frac{1}{2\pi\sigma}\exp\left(-\frac{x^2 + y^2}{2\sigma^2}\right) \tag{5.1}$$

式中，图像的平滑程度与高斯函数的标准差 $\sigma$ 有关，* 为高斯卷积；所采用的滤波模板与滤波器 $\sigma$ 值成正相关，对于边缘的定位精度也与 $\sigma$ 值成反比关系，$\sigma$ 值越高，滤波模板越大，定位精度越低。

（2）$f(x, y)$ 经过平滑处理之后的图像，其梯度幅值 $M(x, y)$ 和方向 $\theta(x, y)$

需要利用特定邻域内的一阶梯度算子来计算，本章采用 $2*2$ 邻域。

$$M(x, y) = \sqrt{g_x^2 + g_y^2} \tag{5.2}$$

$$\theta(x, y) = \arctan\left(\frac{g_y}{g_x}\right) \tag{5.3}$$

利用水平模板 $f_x$ 和垂直模板 $f_y$ 对图像 $f(x, y)$ 进行卷积运算之后得到 $g_x$ 和 $g_y$。

$$f_x = \begin{vmatrix} -0.5 & -0.5 \\ 0.5 & 0.5 \end{vmatrix} \quad f_y = \begin{vmatrix} -0.5 & -0.5 \\ 0.5 & 0.5 \end{vmatrix} \tag{5.4}$$

（3）对于局部最大值范围内的边缘细化以及定位，Canny 算子通过利用局部范围内图像的梯度幅值来完成，候选边缘图像 $N(x, y)$ 中的边缘点为局部图像中梯度幅值最大的边缘点。

（4）Canny 算子进行边缘提取的最后一步是边缘点的选取与连接，通过高低阈值对候选边缘图像 $N(x, y)$ 进行筛选，本章所采用的 Canny 算子中，高阈值 $Th$ 和低阈值 $Tl$ 之比为 $2:1$。利用高阈值 $Th$ 来确定候选边缘点是否为边缘点，利用低阈值 $Tl$ 来确定候选边缘点是否为非边缘点。当候选边缘点梯度幅值大于 $Th$ 时，将其归为边缘点，当候选边缘点梯度幅值小于 $Tl$ 时，将其归为非边缘点。对于大小梯度幅值介于高低阈值之间的候选边缘点，将其归为可疑像素点，通过邻域内连通性对其进行进一步判定，再次划分边缘点和非边缘点。最后对边缘点进行连接，输出边缘图像，并去掉除道路边缘之外的边缘线。

### 5.1.2 矿区道路左右边缘的分割

对矿区道路边缘图像分析发现，有的矿区道路左右边缘走向不一致，不能将垂直线作为分割的唯一标准。第 3 章的左右边缘判断方法仅浅层次判断了道路类型，为了增强道路拟合的准确性和适用性，还需对图像进行精准的左右边缘分割，垂直线不能简单作为分割线。在道路边缘提取的基础上，进行道路左右边缘的分割，图 5.2 中的白色区域为所提取的道路边缘，具体操作如下：

（1）首先，需要计算道路边缘区域的终点 $(X_m, Y_m)$，其位于边缘区域内水

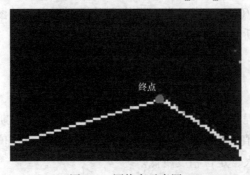

图 5.2 图终点示意图

平位置的最高处，终点如图5.2所示。

（2）确定终点位置之后，根据公式（5.5）确定道路的状态，如下所示：

$$左弯\begin{cases}\begin{cases}right=Xm,left=0,top=Ym,bottom=h\text{-}l\\right=w\text{-}l,left=Xm,top=Ym,bottom=h\text{-}l\end{cases}左边界范围\\right=w\text{-}l,left=Xm,top=Ym,bottom=h\text{-}l \ 右边界范围\end{cases}$$

$$左弯\begin{cases}right=Xm,left=0,top=Ym,bottom=h\text{-}l \ 左边界范围\\\begin{cases}right=w\text{-}l,left=Xm,top=Ym,bottom=h\text{-}l\\right=w\text{-}l,left=Xm,top=Ym,bottom=h\text{-}l\end{cases}右边界范围\end{cases} \quad (5.5)$$

$$直道\begin{cases}right=w\text{-}l,left=Xm,top=Ym,bottom=h\text{-}l \ 右边界范围\\right=w\text{-}l,left=Xm,top=Ym,bottom=h\text{-}l \ 左边界范围\end{cases}$$

式中，边缘图像的高度用 $h$ 表示、宽度用 $w$ 表示。对左右边界区域的划分如图5.3所示。

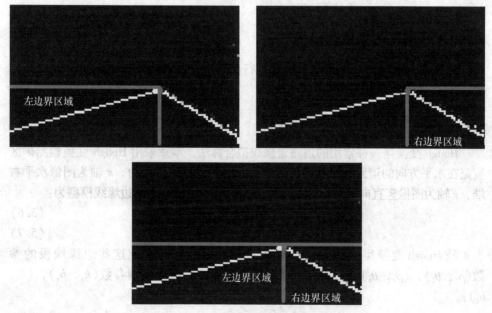

图5.3 左右边缘分割图

（3）最终的左右边界分割，通过依次对道路边缘区域范围、道路边界以及Canny方法提取的道路边缘线运算得到，如图5.4所示。

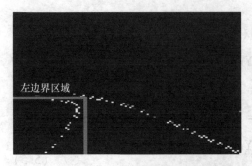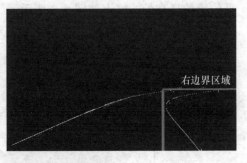

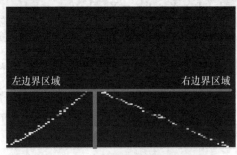

图 5.4 道路边缘线识别图

## 5.2 矿区道路边缘拟合

根据前面提取出的道路左右边缘进行曲线拟合。本章根据不同道路状态，构建了 3 种类型的道路拟合模型。

### 5.2.1 直线道路边缘拟合模型构建

Hough 变换是一种常用的道路边缘线拟合算法，本章采用 Hough 变换检测矿区直路在水平方向的道路边缘线，构建坐标原点为道路图像底边，$x$ 轴为图像水平右端，$y$ 轴为图像竖直向上的坐标系，则道路可行驶区域的道路边缘线模型为：

$$y = k_r x + b_r \tag{5.6}$$
$$y = k_l x + b_l \tag{5.7}$$

经 Hough 变换得到最长线段作为边缘的线段集，标记这些边缘线段的参数 $(\rho_l, \theta_l)$，$(\rho_r, \theta_r)$，再根据上面两式求出到路边缘线模型参数 $(k_r, b_r)$，$(k_l, b_l)$：

$$(k_l, b_l) \begin{cases} k_l = \tan\left(\theta_l - \dfrac{\pi}{2}\right) \\ b_l = \dfrac{\rho_l}{\cos\left(\theta_l - \dfrac{\pi}{2}\right)} \end{cases} \tag{5.8}$$

$$(k_r, \ b_r) \begin{cases} k_r = \tan\left(\theta_r - \dfrac{\pi}{2}\right) \\ b_r = \dfrac{\rho_r}{\cos\left(\theta_r - \dfrac{\pi}{2}\right)} \end{cases} \tag{5.9}$$

边缘点的坐标变换在 $p_{l1}<p_l<p_{l2}$, $\theta_{l1}<\theta_l<\theta_{l2}$; $p_{r1}<p_r<p_{r2}$, $\theta_{r1}<\theta_r<\theta_{r2}$ 约束范围内进行。利用这种方式可以降低干扰项引起的实验误差,边缘点在约束范围内进行筛选可以减少系统冗余,降低算法的运行时间。

图像经 Hough 变换输出的是不同参数区域内的边缘点,还需要对其进行拟合才能得到最终的边缘模型参数。本章采用最小二乘法拟合经 Hough 变换之后得到的边缘点,算法的实现原理如下。

设:进行边缘拟合的道路模型为一元线性方程 $y=kx+b$,利用该方程对图像输入点集 $(x_i, \ y_i)(i=1,2,\cdots,n)$ 进行整合。其中,边缘点集中任意点 $(x_i, \ y_i)$ 误差的方差为:

$$I = \sum_{i=1}^{n} (y_i - kx_i - b)^2 \tag{5.10}$$

当式(5.10)取得最小值时,将使其取得最小值的点带入直线模型中,再求所对应的求参数 $k$ 和 $b$。对上式进行求导变换,并将其导数设为 0:

$$\begin{cases} \dfrac{\partial I}{\partial k} = 0 \\ \dfrac{\partial I}{\partial b} = 0 \end{cases} \tag{5.11}$$

对式(5.10)进行求导变换之后变为 $k$ 和 $b$ 的方程组:

$$\begin{cases} 2\sum((kx_i - b - y_i)x_i) = 0 \\ 2(kx_i - b - y_i) = 0 \end{cases} \Rightarrow \begin{cases} k\sum x_i^2 + b\sum x_i - \sum x_i y_i = 0 \\ k\sum x_i - \sum y_i + nb = 0 \end{cases}$$

$$\Rightarrow \begin{cases} \sum x_i y_i = k\sum x_i^2 + b\sum x_i \\ \sum y_i = k\sum x_i + nb \end{cases} \tag{5.12}$$

最后对式(5.12)进行求解即可得到直线参数 $k$ 和 $b$ 的值:

$$\begin{cases} k = \dfrac{n\sum_{i=1}^{n} x_i y_i - n\sum_{i=1}^{n} x_i \sum_{i=1}^{n} y_i}{n\sum_{j=1}^{n} x_j^2 - \left(n\sum_{j=1}^{n} x_j\right)^2} \\ b = \dfrac{\sum_{i=1}^{n} y_i - n\sum_{i=1}^{n} x_i}{n} \end{cases} \tag{5.13}$$

### 5.2.2　弯道拟合模型构建

Hough 变换很难去拟合曲线，只能对道路图像在水平方向进行分区。针对矿区非结构化道路左右弯道，在对弯道车道线进行拟合时，需要根据不同状况进行不同的方法拟合。本章建立抛物线模型利用改进的 RANSAC 算法进行拟合。

随机采样一致性算法（RANSAC 算法）模型包括估计模型和实验模型两部分，数据也因此划分为两部分，小部分被用于估计模型，其余用于实验模型，估计模型中的参数通过迭代的方式对数据集中的点进行处理来取得，是一种基于概率估计的算法，迭代次数越高，算法取得的效果越好。大量的实验证明，道路模型采用 RANSAC 算法进行估计，需要经过多次迭代以确保得到可以匹配道路模型的随机点数量，保证其数量高于阈值点数，进而取得"局内点"的模型参数。

RANSAC 算法对边缘的特征提取也是边缘特征筛选的一个过程，经过滤波降噪、分割以及增强等图像预处理之后，利用 Canny 算子进行边缘检测之后虽然取得了较好的实验效果，但是还有一些边缘噪声点未能排除，这些噪声点会成为 RANSAC 算法随机选取特征点中的一部分，进而影响算法的性能和实验效果。针对以上问题，本章在左右边界分割的基础上，对道路进行拟合，具体算法流程如下。

（1）将道路的边缘模型定为：$f(y)=c+dy+ey^2$，用 $T$ 表示输入图像的边缘点集，迭代次数设为 $i$。

（2）随机特征点需要从不同位置获取，随机特征点的数量一般为 3 个，然后确定参数 $c$、$e$、$d$。

（3）边缘点的划分通过计算任意特征点 $(x_i, y_i)$ 到线的距离进行确定，当其距离 Dist $= |x_i - (c+dy+ey^2)| < D_{th}$ 时，特征点 $(x_i, y_i)$ 为边缘点，归入边缘点集 $I$ 中，否则不是。

（4）当边缘点集 $I$ 中的数量不足以满足算法中的数量阈值设定，又或者模型参数与预设不相符时，再令 $T$ 为空，返回第二步，否则进行下一步。

（5）利用最小二乘法对边缘点集 $I$ 进行道路模型的求取，并判断由边缘点集 $I$ 所确定的模型是否为最优。判断方式如下：设边缘点中的点 $(x_i, y_i)$ 到线的距离为 Dist，值定为 $h_i$，当 Dist$<1$ 时，$h_i$ 取为 1，否则 $h_i=0$，对此次得到的所有 $h_i$ 进行求和运算，其和为 $H$，将 $H$ 放入栈中待定。不断比较所得到的 $H$ 值，保持栈中 $H$ 为最优。暂定此时所取得的模型为最佳模型，$T=T-I$，再令 $I$ 为空，否则返回第二步。

（6）直到完成 $i$ 次迭代，否则返回第二步。

### 5.2.3　直线-抛物线拟合模型构建

为了适应矿区道路的多变性，本章建立了直线-抛物线可变道模型。模型的主要思想是首先寻找一条与图像底边平行的水平线 $y_m$ 作为直道和弯道的分界线，当 $y \geqslant y_m$ 时，用模型 $f(y) = a + by$ 表示直道，当 $y < y_m$ 时，用抛物线模型 $f(y) = c + dy + ey^2$ 表示弯道，利用道路的连续性和可导性，可作如下假设：$f(y_m^+) = f(y_m^-)$，$f'(y_m^+) = f'(y_m^-)$，即：

$$a + by_m = c + dy_m + ey_m^2 \tag{5.14}$$

$$b = d + 2ey_m \tag{5.15}$$

为减少变量，联立以上两式可得 $c = \dfrac{2a + y_m(b-d)}{2}$ 和 $e = \dfrac{b-d}{2y_m}$，将其代入以上两式中可得：

$$f(y) = \begin{cases} a + by_{ni} = x_{ni}, & i = 1, \cdots, m \\ a + \dfrac{b}{2y_m}(y_{fj}^2 + y_m^2) - \dfrac{b}{2y_m}(y_{fj}^2 + y_m^2) = x_{fj}, & j = 1, \cdots, n \end{cases} \tag{5.16}$$

式中，$(x_{ni}, y_{ni})$ 和 $(x_{fj}, y_{fj})$ 分别表示从 0 到 $m$ 的直道特征点集合和从 0 到 $n$ 的特征点集合，利用参数求导的方式来求解上式中的 $a$，$b$，$d$ 三个参数的值，其函数公式为：

$$I = \sum_{i=0}^m \left[ x_{ni} - f(y_{ni}) \right]^2 + \sum_{j=0}^n \left[ x_{fj} - f(y_{fj}) \right]^2 \tag{5.17}$$

将公式转化为矩阵形式：

$$J = HA \tag{5.18}$$

式中，道路边缘的估计输出用 $J$ 表示，已知变量和未知参数分别用 $H$ 和 $A$ 表示。

$$H = \left[ h_1^T, \ h_r^T \right]^T \tag{5.19}$$

$$A = \left[ (a,b,d)_1, \ (a,b,d)_r \right]^T \tag{5.20}$$

求解 $h^T hc = h^T b$ 可得到关于 $h$ 的矩阵：

$$h = \begin{bmatrix} 1 & y_m & \cdots & 0 \\ \vdots & \vdots & \vdots & \vdots \\ 1 & y_{nm} & \cdots & 0 \\ 1 & \cdots & \dfrac{b}{2y_m}(y_{f1}^2 + y_m^2) & \cdots & -\dfrac{b}{2y_m}(y_{f1}^2 + y_m^2) \\ \vdots & \vdots & \vdots & \vdots \\ 1 & \cdots & \dfrac{b}{2y_n}(y_{fj}^2 + y_m^2) & \cdots & \dfrac{b}{2y_n}(y_{fj}^2 + y_m^2) \end{bmatrix} \tag{5.21}$$

$c = \left[ a \ b \ d \right]^T$，$b = \left[ x_{n1} \cdots x_{nm} \ x_{f1} \cdots x_{fn} \right]^T$。从第 5 章的道路拟合实验中可知直线-抛物线模型在识别直道-弯道边缘时具有较好的拟合效果。

## 5.3　矿区道路边缘跟踪

### 5.3.1　道路跟踪算法

在图像道路跟踪检测中，卡尔曼滤波器（Kalman）基于状态空间模型理论，用视频序列中上一帧道路图像的观测值预测下一帧图像的道路参数。卡尔曼滤波器算法包括预测和更新两个阶段，预测部分主要是为了得到下一帧道路图像参数的估计值，更新部分是对所得到的估计值的进一步优化。由于卡尔曼滤波器对道路图像的预测可以只依赖于上一帧图像的参数值，不需要大量的历史训练样本，在一定程度上，降低了系统冗余和计算量，算法的实时性得以提高，因此，在道路的跟踪和导航领域被广泛应用。

Kalman 滤波算法所使用的状态方程和观测方程如下：

$$X(k) = A(k-1)X(k-1) - W(k-1) \tag{5.22}$$

$$Y(k) = H(k)X(k) + V(k) \tag{5.23}$$

式中，$k$ 时刻下的状态矢量维度为 $n$，用 $X(k)$ 表示；$k$ 时刻下的状态矢量维度为 $m$，用 $Y(k)$ 表示；状态转移矩阵维度为 $m \times m$，用 $A(k-1)$ 表示；系统噪声的维度为 $m$，用 $W(k-1)$ 表示；维度为 $n \times m$ 的观测矩阵 $H(k)$ 和维度为 $n$ 的测量噪声 $V(k)$ 具有高斯噪声性质用以下公式表示：

$$E[W(k)] = 0 \quad E[V(k)] = 0 \tag{5.24}$$

$$E[W(k)W(k)^{\mathrm{T}}] = Q \quad E[V(k)V(k)^{\mathrm{T}}] = R \tag{5.25}$$

式中，状态方程和观测方程的误差协方差矩阵之间互不影响，与系统初始状态 $X(0)$ 也不相关，分别用 $Q$ 和 $R$ 表示。设 $k$ 时刻下，$X(k)$ 的估计值为 $\hat{X}(k)$，用以下公式表示估计误差：

$$e(k) = X(k) - \hat{X}(k)X(0) \tag{5.26}$$

算法的估计误差方差矩阵表示为：

$$P(k) = E[e(k)e(k)^{\mathrm{T}}] = E\{[X(k) - \hat{X}(k)][X(k) - \hat{X}(k)]^{\mathrm{T}}\} \tag{5.27}$$

算法的估计误差方差表示为：

$$\xi(k) = \sum_{i=1}^{m}[e(k)^{\mathrm{T}}] = \sum[e(k)e(k)^{\mathrm{T}}] \tag{5.28}$$

在预测阶段，已经得到了当前帧的观测值 $Y(k)$；在更新阶段，当前帧的估计值 $\hat{X}(k)$ 通过预测阶段得到的观测值 $Y(k)$ 和前一帧的预测值 $\hat{X}(k-1)$ 来进行优化。将预测阶段的噪声设为 0，$k$ 时刻的估计值由 $(k-1)$ 时刻得到：

$$X(k|k-1) = A(k|k-1)X(k-1) \tag{5.29}$$

预测误差协方差为：

$$P(k|k-1) = A(k|k-1)P(k-1)A^{\mathrm{T}}(k|k-1) + Q(k-1) \tag{5.30}$$

式中，误差协方差 $P(k-1)$ 由 $X(k-1)$ 所得。

由前一帧 $k-1$ 时刻估计值得到下一帧图像 $k$ 时刻的观测值为：

$$\hat{Y}(k) = H(k) - \hat{X}(k\,|\,k-1)\hat{X}(k)\ \hat{X}_{kl}P_{kl} \tag{5.31}$$

滤波增益矩阵为：

$$K(k) = P(k\,|\,k-1)H^{\mathrm{T}}(k)\,[\,H(k)P(k\,|\,k-1)H^{\mathrm{T}}(k) + R(k)\,]^{-1} \tag{5.32}$$

式中，$P(k)$ 为观测值偏差，则 $k$ 时刻的误差方差为：

$$P(k) = [\,1 - K(k)H(k)\,]P(k\,|\,k-1) \tag{5.33}$$

为使估计值更加接近真实值，状态参量尽可能达到最优，Kalman 会不断进行递归操作，以降低系统噪声和高斯噪声对所测区域噪声的误差。

## 5.3.2 道路边缘区域划分

前一帧图像与后一帧图像之间的参数相差较小，基于这一考虑，建立相邻两帧之间的感兴趣区域。本章主要对直线以及低曲率的矿区非结构化道路边缘进行跟踪预测，由线性关系可知，斜率 $k$ 和截距 $b$ 即可确定一条直线。以左侧道路边缘线为例，设左侧道路状态向量为 $x_1 = (k_1 b_1 v_{kl} v_{bl})$，观测矢量为 $z_1 = (k_1\ b_1)$，其中 $v_{kl}$ 和 $v_{bl}$ 为道路边缘线的斜率和截距的变化率。

通过上文中的拟合算法可得到道路模型中的斜率与截距，但是道路边缘线的变化率无法通过拟合算法获取，需通过以下测量矩阵获得：

$$H(k) = \begin{bmatrix} 1 & 0 & 0 & 0 \\ 0 & 1 & 0 & 0 \end{bmatrix} \tag{5.34}$$

通过对道路边缘拟合图像进行初始化，其初始值也可以手动设置，跟踪检测试验中，本书选取 $a=b=0.5$，初始状态向量为：

$$x_1(0) = \begin{bmatrix} k_1(0) \\ b_1(0) \\ a \\ b \end{bmatrix} \tag{5.35}$$

考虑到视频序列中的道路图像会不断产生变化，这种改变会使不同时刻下的图像均方差矩阵发生改变，本章通过设置合理的误差值来应对这种情况。在对矩阵进行初始化时进行了误差范围设置，需设置误差的地方包括：预测边缘得偏离角度、截距可偏离程度，左右边缘变化率等，其误差允许范围一般为：±3°、±6 像素、±3。初始状态的协方差矩阵如下：

$$P_{10}(0) = \begin{bmatrix} 9 & 0 & 0 & 0 \\ 0 & 36 & 0 & 0 \\ 0 & 0 & 3 & 0 \\ 0 & 0 & 0 & 3 \end{bmatrix} \tag{5.36}$$

在估计状态方程的误差协方差矩阵 $Q$ 和观测方程的误差协方差矩阵 $R$ 中，对角线元素表示输入图像一定区域内的初始状态，对角线元素值为初始值的 20% 的平方，矩阵中的 0 代表高斯白噪声的均值。

$$Q = P$$

$$= \begin{bmatrix} \left[0.2k_{1(n)}\right]^2 & 0 & 0 & 0 \\ 0 & \left[0.2b_{1(n)}\right]^2 & 0 & 0 \\ 0 & 0 & \left[0.2(k_{1(n)} - k_{1(n-1)})\right]^2 & 0 \\ 0 & 0 & 0 & \left[0.2(b_{1(n)} - b_{1(n-1)})\right]^2 \end{bmatrix}$$

$$(5.37)$$

通过对以上矩阵进行综合运算，得到 $k$ 时刻下道路边缘的最优估计 $\hat{X}_{kl}$ 和均方差矩阵 $P_{kl}$。在对道路图像进行跟踪检测时，需要设定感兴趣区域范围 $P_{kl}$，$P_{kl}$ 范围的大小由斜率和截距共同确定，为了降低所获取的图像估计值的波动幅度，需不断对感兴趣区域范围进行调整，将斜率和截距的跟踪范围分别设定为 $(\hat{x}_{kl(1,j)} - P_{kl(1,1)}, \hat{x}_{kl(1,j)} + P_{kl(1,1)})$ 和 $(\hat{x}_{kr(i,2)} - P_{kr(2,2)}, \hat{x}_{kr(i,2)} + P_{kr(2,2)})$，左右道路的跟踪区域设定相同，以下为右道路的跟踪区域：

$$(\hat{x}_{kr(1,j)} - P_{kr(1,1)}, \hat{x}_{kr(1,j)} + P_{kr(1,1)}) \qquad (5.38)$$

$$(\hat{x}_{kl(i,2)} - P_{kl(2,2)}, \hat{x}_{kl(i,2)} + P_{kl(2,2)}) \qquad (5.39)$$

## 5.4 矿区道路边缘跟踪实验与分析

### 5.4.1 矿区道路边缘检测

道路边缘检测包括边缘提取和边缘检测两部分，实验环境同 5.1 所所述，处理图像分辨率为 300×200。在道路边缘线提取部分，采用 Canny 算子提取矿区道路图像边缘，边缘拟合部分采用第 4 章所提到的 3 种类拟合算法拟合道路边缘线。对 30 张道路图进行了边缘提取以及边缘拟合实验，并记录了拟合每张图所需要的时间，每张图像的处理速度大约为 72ms/张。部分典型的矿区道路边缘提取效果如图 5.5 所示。

图 5.5 （a）（c）图为路基面为水泥的半结构化，道路形状为直道的矿区道路图，采用构建的直线道路模型对道路进行拟合，提取以及拟合的道路边缘线清晰完整；图 5.5 （b）选取的背景区域较为复杂，道路边缘和路基面均有水迹干扰路、道路形状为直道与弯道结合的道路图像，因此采用直线-抛物线模型对图 5.5 （b）的道路边缘进行拟合。从图中可以看出，提取到的道路边缘线较为明显且连续性较好，拟合的道路边缘线与道路走向相近。图 5.5 （d）选取边缘退化严重、道路形状为直道和左弯道，结合道路图像，提取到的道路边缘仍然清晰完整，拟合的道路

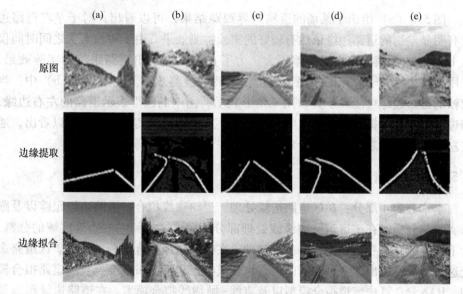

图 5.5 道路边缘检测效果图

边缘线也与道路走向相一致。图 5.5（e）为道路区域和非道路区域灰度信息近似、道路曲率较低的道路图像，因此分析对比了 3 种道路拟合模型算法的实验效果，对比发现，直线-抛物线拟合模型的效果拟合效果最好。综上可以看出，本章所提方法对于不同类型矿区的道路边缘，均有较好的检测效果。

### 5.4.2 矿区道路边缘跟踪

在道路跟踪检测实验中，实验环境同 5.1 节所述，使用卡尔曼滤波对经过左右边缘提取的视频帧图像进行边缘跟踪，每帧图像之间的时间间隔为 10ms。与其他边缘跟踪算法相比，卡尔曼滤波的最大优点在于可以通过抑制检测过程中所产生的系统噪声来降低实验误差，由此来提升道路拟合的鲁棒性，实验结果如图 5.6 所示。

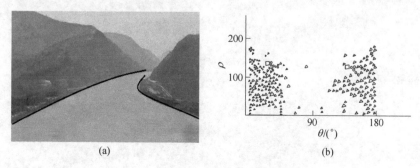

图 5.6 道路边缘实验效果图
（a）道路边缘跟踪；（b）边界的粒子表示及其跟踪轨迹

图5.6（a）给出了某场的道路边界跟踪结果，可以看出，对于左右道路边缘有明显差别的道路边缘依然有较好的实验检测效果。由于每帧图像之间时间仅为10ms，图像帧与帧之间相差不大，为了直观地展示出道路跟踪的实验效果，采用道路边缘粒子分布图来表示卡尔曼滤波的检测效果。在图5.6（b）中，当前帧的道路边缘可能粒子分布用三角形表示，图中的圆形表示道路的左右边缘，四边形分布表示拟合的道路边缘粒子分布。从道路边缘实验效果图可以看出，通过左右边缘分割之后，利用卡尔曼滤波跟踪道路，有效降低了跟踪误差。

## 5.5 本章小结

本章分为4部分：矿区道路边缘处理、道路边缘拟合、道路边缘跟踪以及跟踪实验与分析。在矿区道路边缘线处理部分，完成了道路左右边界区域的分割，为下一步道路左右边缘拟合打下了基础。在道路边缘拟合部分，针对矿区道路多变这一特征，提出了3种不同的道路拟合模型，包括 Hough 变换直线道路拟合模型、RANSAC 算法弯道拟合模型以及直线-抛物线拟合模型。在道路边缘跟踪部分，在前面道路检测、拟合等基础上，利用 Kalman 滤波对道路图像进行跟踪。下一章将对道路检测算法的性能进行实验分析。

# 6 矿区无人车行进道路偏离检测

考虑到传统的车道偏离检测方法仅针对具有明显车道线的结构化道路设计的缺陷，本章对露天矿非结构化道路的车道偏离检测任务进行研究。首先利用第 4 章矿区道路识别模型进行非结构化道路区域的分割识别，进而利用计算机视觉方法进行预处理得到完整的道路边缘线，然后进行车道偏离特征参数的提取，再进行基于粒子群优化的 BP 神经网络车道偏离检测模型的建立，最后对模型进行矿区非结构化道路车道偏离检测的评估研究。

## 6.1 矿区车道偏离特征提取

在进行矿区道路偏离检测任务中仅需要考虑车辆前方近距离道路状态，因此可将其简化为直线道路进行研究，并且进行偏离检测的过程中，分别需要考虑车头和车身的姿态。本研究中车载相机以一定角度安装在前挡风玻璃后视镜后，假定正常行驶时车辆一直处于道路中心，因此车头的中心点则近似位于图像中底部中心，车头的朝向则表示可由车道边缘线方程推理得到，车身的位置姿态则可由横向距离来进行判定。

如图 6.1 所示为矿区道路偏离示意图，$O$ 点为车头的中心位置，根据观察可知，当发生车道偏离时，则以一定角度驶向道路边缘方向，并且车道边缘线斜率 $k_1$ 和 $k_2$，车道边缘线的截距 $b_1$ 和 $b_2$，车头中心点距离车道左边缘和右边缘的横向偏离距离 $d_1$ 和 $d_2$ 会发生变化，因此在本研究中选取这四个变量作为模型的特征参数，进行车道偏离检测任务，特征参数的提取流程如图 6.2 所示。

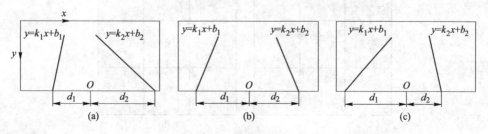

图 6.1 车道偏离示意图

（a）向左偏离；（b）正常行驶；（c）向右偏离

### 6.1.1 矿区车道识别图像预处理

由于深度学习语义分割算法得到矿区道路图像，可能存在着部分空洞和边缘锯齿，会对道路边缘线的提取造成影响，因此，在提取道路导航线前需要对第5章研究中得到的矿区道路分割图像利用计算机视觉的方法进行预处理，以便获取更加完整平滑的道路区域。本节采取形态学滤波的方法以及连通域处理的图像处理方法对矿区道路进行去除冗余信息和平滑道路边缘的处理。

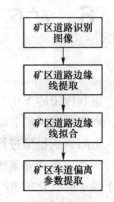

图 6.2 矿区道路图像车道
偏离特征参数提取流程

本节研究中所采用的形态学滤波方法包括开运算和闭运算，其中开运算表示先进行腐蚀再进行膨胀的操作，其目的是将两个细微连接在一起的目标分开，有利于消除检测图像中的非道路区域；闭运算表示先膨胀再腐蚀的操作，其目的是将两个存在部分连接的区域进行闭合，有利于消除道路中存在的孔洞和边缘的平滑。其中的膨胀与基本运算表达式如下所示：

$$\mathrm{dst}(x, y) = \max_{(x',y'):\mathrm{element}(x',y')\neq 0} \mathrm{src}(x + x', y + y') \tag{6.1}$$

$$\mathrm{dst}(x, y) = \min_{(x',y'):\mathrm{element}(x',y')\neq 0} \mathrm{src}(x + x', y + y') \tag{6.2}$$

式中，$element$ 为结构元；$(x, y)$ 为锚点的位置，一般为结构元中心；$x'$ 和 $y'$ 为相对锚点的偏移量；src 为原始图像；dst 为目标图像。经过膨胀与腐蚀的组合进行多次开闭运算，可以实现对矿区道路识别图像的平滑。

连通域通常是按照像素间的邻接关系选取的，通常是由图像中具有相邻位置和相同像素值的前景图像所构成的图像区域。常用的邻接关系一般分为两种：四邻接和八邻接，其中四邻接关注目标像素的上、下、左、右四个像素点，而八邻接也关注对角线上的点，如图 6.3 所示。

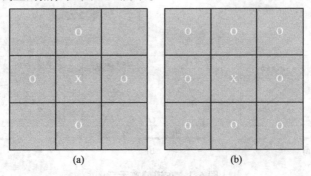

(a)　　　　　　　　　　　(b)

图 6.3 四邻接关系和八邻接关系

(a) 四邻接；(b) 八邻接

　　本节研究首先利用 opencv-python 库中的 morphologyEx( ) 函数对将矿区道路分割识别图像进行 2 次形态学开闭运算处理，使道路边缘区域更为平滑，并能够较好地去除道路区域存在的裂缝与孔洞；然后接着使用 drawContours( ) 函数，利用四邻接连通域选取道路区域的轮廓曲线并进行拟合，最后重新绘出轮廓以获得最终矿区非结构化道路区域，图 6.4 为直道和弯道识别图像预处理后的图像。

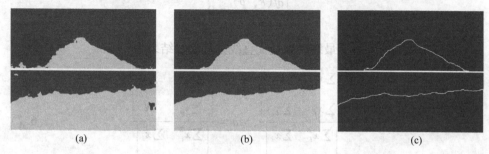

图 6.4　矿区道路分割图像处理

（a）分割图像；（b）形态学处理图像；（c）道路边缘图像

## 6.1.2　矿区车道边缘线拟合

　　矿区道路分割识别图像进行预处理后，可以获取到完整的道路轮廓区域图像，为实现无人驾驶卡车的偏离检测研究，还需要提取到道路边缘线，进而获取后续车道偏离检测实验所需要的相关特征参数。为了便于后续研究，将矿区道路边缘线近似于直线，常见的直线拟合方法有最小二乘法和霍夫变换。

### 6.1.2.1　基于最小二乘法的矿区道路边缘线拟合

　　最小二乘法是最常见的直线和曲线拟合算法，该方法拟合直线的基本原理是最小化误差，通过求解参数方程计算出最佳的拟合直线斜率和截距，如式（6.3）所示。

$$y = kx + b \tag{6.3}$$

式中，$k$ 为斜率；$b$ 为截距。给定一组点 $(x_i, y_i)(i = 1, 2, \cdots, N)$，最小二乘法可以将这 $N$ 个点以全局最小误差拟合到一条直线上，并求出斜率与截距的参数。本研究中矿区道路图像边缘点坐标即为这组点，当部分点不在最终拟合的直线上时就具有了偏差，如式（6.4）所示。

$$\varepsilon_i = y_i - (kx_i + b) \tag{6.4}$$

式中，$\varepsilon_i$ 表示第 $i$ 个坐标点的误差，其最终目标是使 $N$ 个点的全局误差最小，以达到最优的直线拟合，如式（6.5）所示。

$$f(k, b) = \sum_{i=1}^{N} \varepsilon_i^2 = \sum_{i=1}^{N} \left[ y_i - (kx_i + b) \right] \tag{6.5}$$

使得全局误差最小，需要分别对 $k$、$b$ 求偏导数令其值为 0，如式（6.6）所示。

$$\begin{cases} \dfrac{\partial f(k, b)}{\partial k} = 0 \\[3mm] \dfrac{\partial f(k, b)}{\partial b} = 0 \end{cases} \tag{6.6}$$

进行方程式的求解，最终得到最优直线方程参数结果为：

$$k = \frac{\begin{vmatrix} \sum x_i^2 & \sum x_i y_i \\ \sum x_i & \sum y_i \end{vmatrix}}{\begin{vmatrix} \sum x_i^2 & \sum x_i \\ \sum x_i & N \end{vmatrix}}, \quad b = \frac{\begin{vmatrix} \sum x_i y_i & \sum x_i \\ \sum y_i & N \end{vmatrix}}{\begin{vmatrix} \sum x_i^2 & \sum x_i \\ \sum x_i & N \end{vmatrix}} \tag{6.7}$$

因此，当已知一组点的坐标为 $(x_i, y_i)(i=1,2,\cdots,N)$ 时，利用上式即可求得拟合最佳的直线斜率和截距参数，即可得到最小化全局误差的最优直线匹配。

6.1.2.2 基于霍夫变换的矿区道路边缘线拟合

霍夫变换是对一组直线数据点进行拟合的经典方法，常应用于车道线的拟合，其核心思想是将求解共线点问题转化为寻求线交点问题。霍夫变换将图像坐标系转换为参数坐标系，图像坐标系的点与参数坐标系中的线一一对应，多个线条在参数坐标系中的相交点的坐标，即对应与共线点相匹配的图像坐标系中产生的直线的斜率和截距参数。如图 6.5 所示。

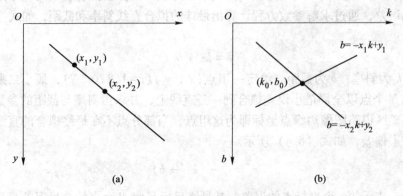

图 6.5 直角坐标系中的霍夫变换

（a）图像坐标系；（b）参数坐标系

在直角坐标系中应用霍夫变化时，当图像坐标系中的直线垂直或接近垂直时，直线的斜率趋于无穷，无法在参数坐标系中表示，因此常用的解决方法是直接将图像坐标系转化为极坐标系，再应用霍夫变化进行直线的拟合，直线的极坐标如式（6.8）所示。

$$\rho = x\cos\theta + y\sin\theta \tag{6.8}$$

式中，$\rho$ 为坐标原点到直线的垂距；$\theta$ 为坐标原点到对应直线的垂线与 $x$ 轴的夹角，取值范围为 $\pm 90°$。通过曲线的交点坐标即可求出图像坐标系中所拟合的直线方程，如图 6.6 所示，在极坐标系中给定一组共线点，共线点在极坐标系中对应曲线的交点，通过该点坐标 $(\rho_0, \theta_0)$ 即可以在图像坐标系中求得对应直线方程。

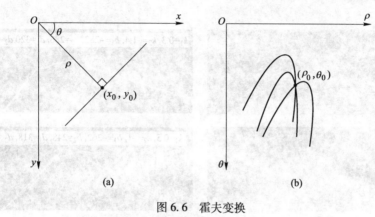

图 6.6 霍夫变换
（a）图像坐标系；（b）极坐标系

本节中进行矿区道路边缘的直线拟合研究，霍夫变换虽然可以通过坐标系的变换快速拟合出直线，但矿区道路边缘线非结构化并且其共线点偏少，难以精准选取边缘拟合线，而最小二乘法在进行拟合时对道路边缘线的规则性要求较低，因此利用最小二乘法能够达到较好的道路边缘线拟合效果。图 6.7 所示分别为矿区道路图像中直道和弯道边缘线进行线性拟合结果。

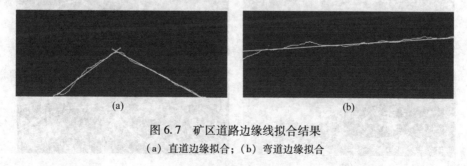

图 6.7 矿区道路边缘线拟合结果
（a）直道边缘拟合；（b）弯道边缘拟合

根据拟合得到矿区道路前方边缘线图像，容易求得左侧边缘线和右侧边缘线的斜率 $k_1$ 和 $k_2$ 与截距 $b_1$ 和 $b_2$ 的参数。当对弯道边缘进行拟合时，由于车辆处于右转状态导致右侧边缘性未检测出来，将其斜率 $k_2$ 和截距 $b_2$ 设置为 0。

在进行横向距离的提取时，通常需要考虑到车辆宽度，进而通过图像坐标系的处理可以得到横向偏离量，但本研究的车道偏离检测算法属于神经网络的方法，用于探究特征数据内部的潜在规律，车辆宽度作为常量，可以不必考虑，并且该算法可以将车辆宽度作为一个点来处理，直接通过图像坐标系计算横向偏离量 $d_1$ 和 $d_2$，无须进行相机内参外参标定的复杂程序。

图 6.8~图 6.10 是表示为"正常行驶""向左偏离"和"向右偏离"下的车辆前方道路图像与获取的车道偏离参数。

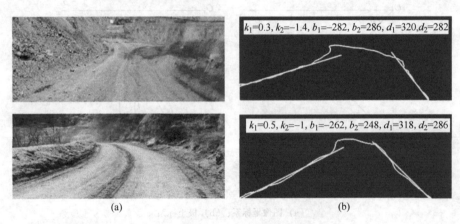

图 6.8 正常行驶

(a) 原始道路图像；(b) 获取车道偏离参数

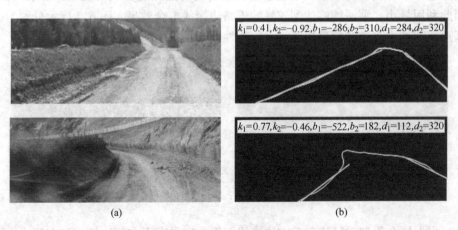

图 6.9 向左偏移

(a) 原始道路图像；(b) 获取车道偏离参数

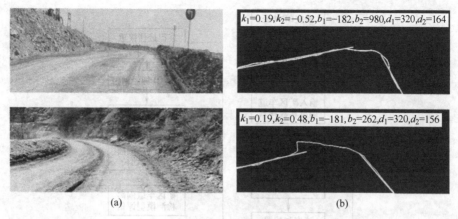

图 6.10 向右偏移
(a) 原始道路图像；(b) 获取车道偏离参数

## 6.2 基于 PSO-BP 的矿区车道偏离检测

本章研究的车道偏离检测任务通过提取的车道偏离特征参数来对车辆当前是否发生车道偏离进行预测，包括正常行驶、向左偏离、向右偏离三种状态，属于一种分类任务。一般的 BP 神经网络虽能够较好解决分类任务，但其容易陷入局部最优，而粒子群优化算法则能通过全局寻优较好地解决这个问题[98~103]。因此，本研究中引入了粒子群优化的 PSO-BP 神经网络算法，利用粒子群算法进行全局寻优，有利于 BP 模型求得最优解空间。PSO-BP 算法主要分为两部分，包括粒子群算法对网络权值参数的全局寻优与 BP 算法的局部寻优，进而得到最优的矿区车道偏离检测模型，算法设计整体流程如图 6.11 所示。

### 6.2.1 BP 神经网络结构设计

传统的 BP 神经网络的主要流程是随机生成一组神经元网络权重，将特征数据输入其中得到预测结果，并根据其与真实标签的误差，利用反向传播算法进行权值参数的更新，以提高预测结果。但是神经网络开始训练时，随机生成权值参数会导致最终模型陷入局部最优。因此，利用粒子群优化算法需要对网络模型权重参数进行优化，前提是确定其网络中的权值个数，即固定 BP 神经网络的结构，进而再进行后续优化。

一般来说，BP 神经网络结构的不同对最终模型性能也会有明显的影响。图 6.12 为一般的 BP 神经网络结构，由一个输入层、多个隐含层和一个输出层组成，输入层的神经元个数取决于特征参数个数，输出层的神经元个数取决于标签类别数，隐含层的结构与神经元个数根据实际问题的不同而进行不同的设置，一

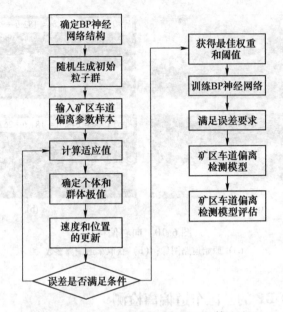

图 6.11　矿区车道偏离检测 PSO-BP 算法流程

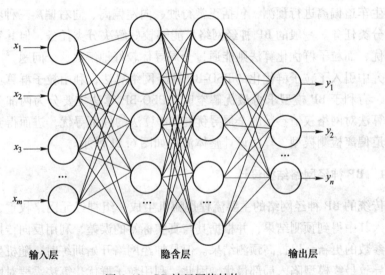

图 6.12　BP 神经网络结构

般可以利用经验公式确定。

　　（1）输入层与输出层的神经元个数确定。针对本章的矿区车道偏离检测研究，首先确定输入层神经元个数，由上一节研究中提取到的道路左右车道边缘线的斜率、截距和车辆的横向偏离参数六个车道偏离特征参数，因此设置为 6 个输入神经元。然后由于车道偏离检测任务中，将车辆行驶状态分为"正常行驶"

"向左偏离"和"向右偏离"三类，因此将输出神经元个数设置与分类的类别数相同，设置为 3 个输出神经元。

（2）隐含层个数与其神经元个数确定。在 BP 神经网络中，隐含层个数的增加与模型的复杂度成正比，在本研究中，由于输入层中车道偏离参数与输出层中的车辆偏离检测类型标签的维度较低，因此为提高模型的效率，选用单隐含层的 BP 神经网络即可满足本研究所需要求。另一方面，由于隐含层中神经元个数会对车道偏离检测模型的性能造成一定的影响，为了达到最佳的效果，根据经验公式（6.9）~式（6.11）进行隐含层中神经元个数的选取。

$$p = \sqrt{m + n} + a \tag{6.9}$$

$$p = 2m + 1 \tag{6.10}$$

$$p = m \times (n + 1) \tag{6.11}$$

式中，$p$ 为该隐含层神经元个数；$m$ 和 $n$ 分别为该隐含层的上一层神经元和下一层神经元个数，将 $a$ 为设置为 3。根据上面三个公式，构造的三个 BP 神经网络中单隐含层神经元个数分别为 6、13、24。

### 6.2.2 粒子群优化网络权重设计

在上一小节中进行了 BP 神经网络结构的设计，确定了网络中的权值数量，因此本节利用粒子群优化算法对 BP 网络中权重参数进行全局寻优，进而利用 BP 神经网络进行训练，得到最优解空间。粒子群优化算法是模拟鸟类捕食行为的启发式算法，首先在解空间中随机初始化一批粒子，每个粒子都有寻求局部最优解的自我认知能力，整个粒子群则有寻求全局最优解自我认知能力，每次迭代都会分别对粒子群的局部和全局最优解进行更新，通过不断迭代，直到寻求到最终的全局最优解，其参数更新的运算表达式如下所示。

$$v_{id} = wv_{id} + c_1 r_1 (p_{id} - x_{id}) + c_2 r_2 (p_{gd} - x_{id}) \tag{6.12}$$

$$x_{id}^{k+1} = x_{id}^k + v_{id}^k \tag{6.13}$$

式中，$x_{id}$ 为第 $i$ 个粒子的位置；$w$ 为惯性因子，用于控制探查的范围；$v_{id}$ 为第 $i$ 个粒子的速度；$k$ 为迭代次数；$p_{id}$ 为第 $i$ 个粒子找到的最优位置；$p_{gd}$ 为整个粒子群找到的最优位置；$c_1$ 和 $c_2$ 为学习因子；$r_1$ 和 $r_2$ 为均匀随机数，取值为 [0，1]，其参数设置如表 6.1 所示。

表 6.1　粒子群优化算法参数设置

| 参 数 名 | 参 数 值 |
| --- | --- |
| 粒子群规模 $S$ | 30 |
| 学习因子 $c_1$，$c_2$ | 2 |
| 最大迭代次数 $K$ | 500 |
| 惯性因子 $w$ | 2 |

本节中针对矿区车道偏离检测的问题，使用粒子群优化算法对构造的 BP 神经网络的权重参数进行全局寻优，粒子群优化算法的步骤如下：

（1）对 BP 神经网络的权值进行编码，即粒子群优化算法随机初始化种群，随机设置粒子的速度和位置；

（2）计算每个粒子的适应度值，即其对应的样本误差，本章使用均方误差作为误差函数；

（3）比较每个粒子的适应度值和个体极值，如果某个粒子的适应度大于个体极值，则用该粒子的当前适应度替换个体极值；

（4）比较解空间中所有粒子的适应度值和全局极值，如果出现粒子的适应度值大于全局极值，则用该粒子的适应度值替换全局极值；

（5）完成一次迭代，利用粒子群速度和位置更新表达式进行所有粒子当前位置和速度的更新；

（6）如果达到最大迭代次数或最终误差满足要求，则退出迭代，否则返回第（2）步；

（7）将得到的全局极值作为 BP 神经网络的权重，提升后续 BP 神经网络训练的收敛速度与精度。

本节阐述的基于 PSO-BP 的矿区车道偏离检测方法研究，主要目的是利用粒子群优化算法来提高 BP 神经网络对矿区车道偏离检测任务的精度。通过 PSO 算法的迭代，粒子速度和位置的不断更新，直至求得全局最优的粒子解空间，将其作为 BP 神经网络的初始化权重，加快 BP 神经网络的收敛速度和减小最小化误差，进而提高矿区车道偏离检测模型的精度。

## 6.3 矿区车道偏离实验与分析

### 6.3.1 实验准备与设计

#### 6.3.1.1 实验数据集

为验证本章基于 PSO-BP 矿区车道偏离检测方法的可行性和有效性，本研究从采集到的矿区道路图像中选取 1500 张图像输入到第 4 章研究得到的矿区道路识别模型，并从中选取分割识别精度在 90% 以上的图像，根据行驶状态为正常行驶、向左偏离、向右偏离按照 3∶1∶1 的比例手动选取 1000 张进行车道偏离特征参数采集，进而利用计算机视觉的方法进行处理以取得左侧车道边缘线斜率 $k_1$、左侧车道边缘线截距 $b_1$、右侧车道边缘线斜率 $k_2$、右侧车道边缘线截距 $b_2$、向左的横向偏离量 $d_1$ 和向右的横向偏离量 $d_2$ 六个特征参数，并且在数据输入神经网络前需要对其进行归一化，将参数大小限制在 $[0, 1]$ 之间，有利于降低训练时间和加快网络的收敛，如式（6.14）所示，最终得到 1000 组车道偏离参数作为本研究的特征数据。

$$\bar{x} = \frac{x_i - x_{\min}}{x_{\max} - x_{\min}} \tag{6.14}$$

同时，需要对每条特征参数添加对应的分类标签，分为"正常行驶""向左偏离"和"向右偏离"，将其标签分别设定为 0、1、2，对应的 one-hot 编码为 [1, 0, 0]、[0, 1, 0] 和 [0, 0, 1]，样本的特征参数与结果标签一一对应，按照车道偏离状态类别比例选取 60% 的数据用于训练，20% 的数据用于验证，20% 的数据用于进行模型准确性的测试。车道偏离检测数据集划分见表 6.2。

表 6.2    矿区车道偏离检测数据集划分

| 车道偏离状态 | 正常行驶 | 向左偏离 | 向右偏离 |
|---|---|---|---|
| 训练集 | 360 | 120 | 120 |
| 验证集 | 120 | 40 | 40 |
| 测试集 | 120 | 40 | 40 |

#### 6.3.1.2    实验相关配置

本章研究的实验环境配置为：操作系统为 Windows10，显卡型号为 NVIDIA RTX2080Ti，Python 环境为 3.6，Pytorch 版本为 1.2.1，网络的最大迭代次数设置为 300，采用分类准确率 *Accuracy* 作为评价指标，其表达式如式（6.15）所示。

$$Accuracy = \frac{T}{N} \tag{6.15}$$

式中，$T$ 为检测结果和标签都相对应的车辆偏离状态的样本数目；$N$ 为测试集中总的样本数目。

### 6.3.2    实验结果分析

#### 6.3.2.1    隐含层神经元个数对模型性能影响对比

将矿区车道偏离特征参数利用本研究构造的含有隐含层神经元个数为 6、13、24 的 PSO-BP 神经网络分别进行学习训练，其训练过程中验证集的数据的平均误差损失变化如图 6.13 所示。

从图中可以看出在训练过程中，虽然三个模型的误差曲线的损失最终都达到收敛，但其验证误差的收敛速度和最小化损失差异较大。隐含层 13 个神经元的 PSO-BP 模型在迭代 50 次左右就达到收敛，并且得到了相对较好的验证误差，其中隐含层为 24 个神经元的模型由于参数量较多导致收敛速度较慢，并且隐含层为 6 个神经元的模型由于模型参数过少，难以达到较好的收敛，造成验证集的最小误差难以下降到最优。通过实验对比三种模型的验证集的损失变化可知，选取

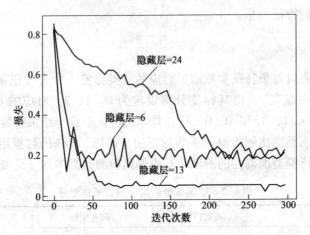

图 6.13 三种不同隐含层神经元个数的 PSO-BP 模型验证误差对比

隐含层为 13 个神经元的 PSO-BP 神经网络作为最终的矿区车道偏离检测模型，能够达到最好的效果。

### 6.3.2.2 多模型矿区车道偏离检测任务精度对比

选取了最优的 PSO-BP 神经网络模型后，为了验证本章模型对于矿区车道偏离检测任务的有效性，将其分别与经典的决策树模型和 BP 神经网络模型进行分类准确率的对比，将测试数据分为正常行驶、向左偏离和向右偏离三个类别分别进行对比，其准确率结果如表 6.3 所示。

表 6.3 多模型进行矿区车道偏离检测精度对比

| 模型 | 分类准确率/% | | |
| --- | --- | --- | --- |
| | 正常行驶 | 向左偏离 | 向右偏离 |
| 决策树 | 90 | 80 | 82 |
| BP | 96 | 92 | 90 |
| PSO-BP | 98 | 96 | 94 |

从表 6.3 中可以看出，针对这三种车道偏离状态检测，BP 神经网络的方法相比传统机器学习中的决策树分类方法准确率都有明显的提升，并且本文采用的粒子群优化的 BP 神经网络模型在进行矿区车道偏离状态检测时，相比优化前的 BP 神经网络的方法达到更高的准确率，证明了优化模型的有效性。另一方面，从表格中可以看出对车辆正常行驶测试数据的准确率高于偏离状态测试数据检测的准确率，可能是由于样本不平衡造成的，但粒子群算法优化下的模型较明显地降低其造成的影响。因此本研究中粒子群优化的 BP 神经网络模型相比其他经典的分类模型，可以有效检测出矿区无人驾驶卡车的车道偏离情况。

## 6.4 本章小结

本章针对矿区非结构化道路场景下无人驾驶卡车的车道偏离检测问题进行了研究，首先进行矿区道路区域的识别，然后利用计算机视觉算法实现道路区域的孔洞消除与平滑，进而完成边缘线提取，然后分析选用最小二乘法对道路边缘线进行拟合研究，最后构造基于粒子群优化的 BP 神经网络模型进行矿区车道偏离的检测任务，相比传统机器学习的分类模型能够取得更优的结果，进一步验证了本章方法在矿区车道偏离检测任务中的鲁棒性与高效性。

# 7 矿区复杂道路动态路网构建

在深度学习方法出现之前，基于无监督学习的道路提取方法无须提前知道数据集中的图像和特征之间的联系，只要根据一定的聚类或概率模型提取出道路特征。深度学习方法是一种十分优秀的有监督学习方式，数据集中图片质量和数目对算法的优劣影响极大。本节主要关注基于有监督的深度学习道路提取数据集，建立了拥有道路标签的露天矿道路提取数据集，下面详细介绍建立露天矿区道路提取数据集的一系列步骤。

## 7.1 矿区道路提取数据集的建立

### 7.1.1 矿区道路数据集的人工标注

针对道路提取数据集，需要对原始图像做人工标注。人工数据标注是一个极其耗费时间的过程，并且需要对原图像纹理进行仔细入微的观察，一个人完成整个人工标注的过程需要一个月左右。本章使用的标注工具为 labelme，labelme 是麻省理工学院开发的一款深度学习数据集人工标注软件，支持画点，线、面等操作，可以用于语义分割、实例分割、目标跟踪、图像分类等任务的数据集标注工作，通过人工标注整体图像中所需要分割出来的兴趣区域，即标签，确保使用正确的信息来训练网络，从而到达分割目标区域的目的。本章所包含的兴趣区域为露天矿区图像中所有的道路，标注过程如图 7.1 所示。

### 7.1.2 露天矿区道路图像预处理

在深度学习过程中，数据集质量的好坏直接决定了模型的训练结果。由于露天矿区自然环境较差和复杂的矿区作业，如卡车运载、挖掘等机械操作，导致矿区现场常常伴有尘土、扬沙等现象；同时，无人机在飞行时经常采用倾斜的方式获取图像，有时甚至会受到天气的影响，这些客观条件都会影响图像质量。经对原始数据集的分析，发现部分图片模糊不清、色彩暗淡，会影响网络对图像中道路特征的学习和提取，不能直接作为网络的输入图像。因此，需要对原始数据集使用多尺度 Retinex(multi scale retinex，MSR) 算法进行降噪处理，提高数据集的质量。使用 Retinex 算法对原始图像进行预处理，计算公式见式 (7.1)。

$$r(x, y) = \sum_{k=1}^{K} w_k \{ \log S_k(s, y) - \log [ F_k(x, y) * S_k(x, y) ] \} \tag{7.1}$$

式中，$K$ 为尺度个数；$F_k(x, y)$ 为第 $k$ 个尺度上的高斯环绕函数；$w_k$ 为每个尺度所占权重，$*$ 为卷积符号。根据道路的景深信息对不同区域进行去雾，在增强图像中远处道路细节的同时又保持近距离道路的色彩，抑制光晕现象，保持道路图像的高保真度，达到色彩和光照均衡的效果，图 7.2 为降噪增强前后的对比图和图像直方图。

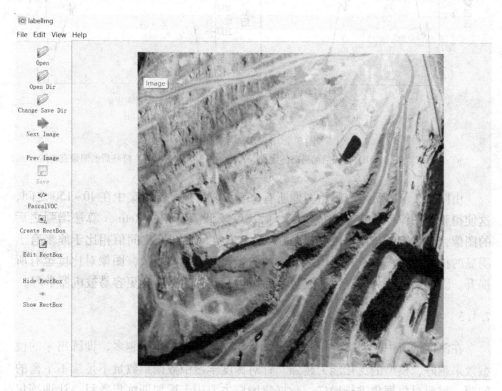

图 7.1 矿区道路标注过程

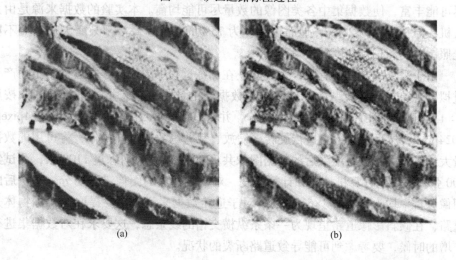

(a)　　　　　　　　　　　　　　(b)

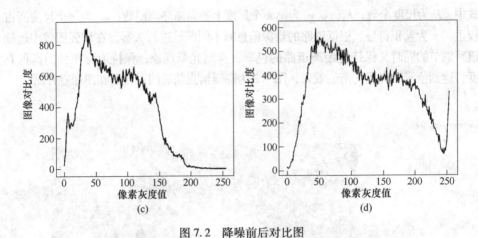

图 7.2 降噪前后对比图

（a）原始道路图像；（b）降噪后的道路图像；（c）原始图像直方图；（d）降噪后的图像直方图

由图 7.2 可以看出，原始图像所有像素的灰度值大部分集中在 40~150 之间，这使得整个图像整体看起来很暗淡，对比度较低。而经过 Retinex 算法增强之后的图像，其像素的灰度值主要集中在 30~230 之间，灰度空间值相比于原来有了明显的扩大分布，进过算法增强之后的图像像素值范围更大，图像对比度也有所提升，图像颜色较为明亮，使其更容易被可视化和道路特征更容易被机器学习。

### 7.1.3 数据集扩增及划分

在深度学习中，一般要求样本的数量要充足，样本数量越多，训练出来的模型效果越好，模型的泛化能力越强。针对深度学习中数据集数量不足或不平衡的问题，需要对数据集进行增广。数据集增广主要用于增加训练集数目，让训练集尽可能丰富，使数据集中各类图像的数量尽可能均衡。本实验的数据来源是由无人机在航拍高度为 200m，地面重叠度为 75% 的条件下对洛阳某露天矿按照不同光照、时间和拍摄角度拍摄得到的。

由于采集的数据量有限，为了防止在训练过程中因目标样本数量不足而产生过拟合现象，增强模型的稳健性，对数据集的数量进行扩增。将原始图像按照9:1 随机分为训练集和测试集两部分，并将道路图像尺寸统一规范为 1024pixel×1024pixel，然后对训练集进行旋转、缩放、裁剪等数据增强操作，将可用的数据量大约扩充了 3 倍。增强后的数据图像共 1200 张，其中训练集 1100 张，测试集100 张。考虑到计算机性能和计算速度，对归一化后的图像进行切分，切块后的图像分辨率均为 512pixel×512pixel。对于道路数据来说，想要提取的目标物体是道路，在倾斜影像道路呈现为一条条纵横交错的线条态，这要求在对数据集进行扩增的时候，要考虑到可能导致道路断裂的状况。

如图 7.3 所示，本章使用了水平翻转、垂直翻转、旋转、平移、缩放五种扩增数据集的方法。

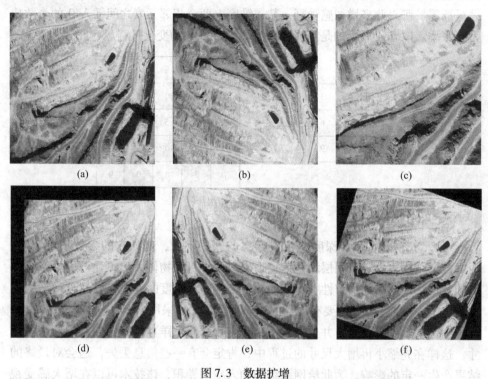

图 7.3　数据扩增

(a) 原图；(b) 翻转；(c) 缩放；(d) 平移；(e) 镜像；(f) 旋转

## 7.2　DeepLabv3+道路提取模型结构

DeepLab 是语义分割领域影响较为大的一支，其 DeepLabv3+系列在语义分割领域取得了最先进的水平。该网络的主要结构由编码器、解码器和空洞空间金字塔池化三部分组成，共同完成道路的提取。

### 7.2.1　空洞卷积

在卷积神经网络中，卷积神经网络各层输出特征图上的像素点映射到输入图片上的像素范围大小叫做感受野，另一个流行的说法是，特征图上的一个元素相对于输入图像上的一个区域。神经元的映射范围跟感受野大小正相关，神经元节点的感受野越大，说明它映射到原始图像上的面积越广，获得到的输入层信息就更加丰富，全局信息获取得越完善。因此，需要一种增大感受野的方法获取更多全局信息。

空洞卷积（atrous convolution）又叫扩张卷积（dilated convlution），广泛应用

于语义分割与目标检测等任务中，由 Yu 等人在 2017 年创造性提出。空洞卷积与标准卷积最大的不同在于卷积核的不同，空洞卷积核可以看作是在标准卷积核中进行插零扩张以此来增加感受野，某一维度上两个相邻元素之间插入 0 的个数成为膨胀率。图 7.4 展示的是当膨胀率为 2 时卷积核的变化过程。

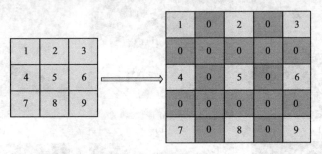

图 7.4　卷积核膨胀

考虑到 Deep CNN（深度卷积）存在的一些问题，例如它的参数不可学习、内部数据结构丢失、空间层级化信息丢失以及小目标物体无法重建等，再结合本书的数据集中道路的狭窄性、连通性、复杂性和大跨度的问题，以及分辨率的大小为 1024×1024。这就需要有很大的感受视野。如果采用 CNN 中 pooling（池化）缩小图像增大感受视野，并且通过 upsampling（上采样）将图像恢复到原来的尺寸，这样在先缩小再增大尺寸的过程中，肯定会有一些信息丢失，这会对最终的结果产生一定的影响。为此给网络结构加入空洞卷积，该技术可以在增大感受视野的同时而不会降低图像的分辨率，让每个卷积输出都会包含较大的范围信息。

但是，由于图像语义分割是对图像中所有像素逐个分类，因此需要对下采样后较小的特征图做上采样运算，并把特征图尺寸还原到与标签图像同等的维度，最后进行预测。然而在池化过程中丢失的一些空间位置信息并不能通过上采样将来补偿。如图 7.5 所示，其中图 7.5（a）是卷积核尺寸为 3 * 3 的标准卷积，7.5（b）是卷积核为 3 * 3，膨胀率为 2 的空洞卷积。

如图 7.6 所示，当我们使用尺寸为 3、步长为 1 的卷积核对一个尺寸为 7 * 7 的图像做标准卷积运算时，经过 1 次、2 次、3 次卷积后感受野的大小分别是 3 * 3、5 * 5、7 * 7。

因此本章在 DeepLabv3+ 的中心区域加入了级联模式和平行模式的空洞卷积，如图 7.7 所示，如果扩张率分别为 1，2，4，8，那么扩张之后的感受视野就会增大为 3×3，7×7，15×15，以及 31×31。由于在编码器对输入图像进行了 5 次下采样，那么原始的 1024×1024 大小的图像经过编码器之后会输出 32×32 大小的特征图。由图 7.7 可知，扩张率为 1、2、4、8，在最后一层特征图的感受视野的大小 31×31，这几乎会覆盖 32×32 的特征图。并且本章在空洞卷积中使用了平行结

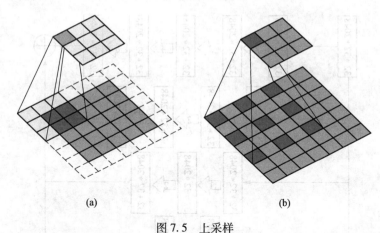

图 7.5 上采样

（a）卷积核 3 * 3 的标准卷积；（b）卷积核 3 * 3 膨胀率为 2 的空洞卷积

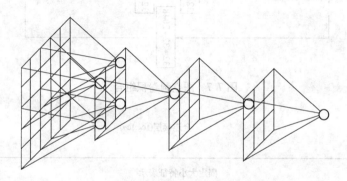

图 7.6 标准卷积感受野

构，这样就会结合不同分辨率的特征图来学习更多特征。

## 7.2.2 空洞空间金字塔池化

He 等人在深度学习视觉识别研究中使用空间金字塔池化（spatial pyramid pooling，SPP），如图 7.8 显示的是空间金字塔池化的网络结构。对引入空间金字塔池化必要性和可行性进行严密分析，把空间金字塔池化层置于普通卷积神经网络的最后一个卷积层之后，无论输入图像的尺寸是多少，都可以使用当前模型进行分类。

由于不同的扩张率的空洞卷积具有提取不同尺度信息的能力，多孔空间金字塔池化（atrous spatial pyramid pooling，ASPP）由 Chen 等人于 2017 年提出，使用了不同膨胀率的空洞卷积，通过距离远近不同的像素并联与合并的方式来对多尺度特征进行融合。具体步骤如图 7.9 所示，把输入特征图并行输入膨胀率不同的空洞卷积，并对其进行卷积计算，同时，在卷积计算时在特征图最外补充了不同

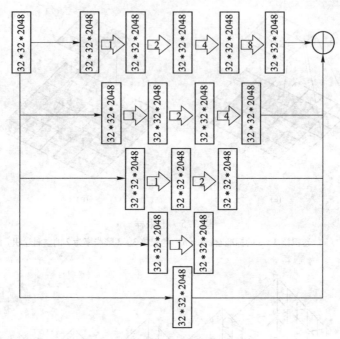

图 7.7　图空洞卷积组合

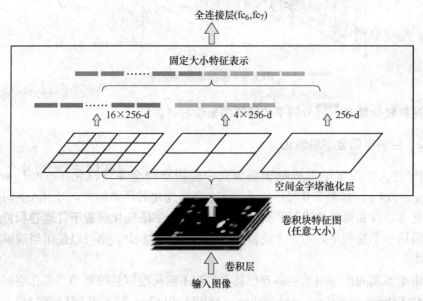

图 7.8　空间金字塔池化

宽度的 0 像素值，因此输出的特征图尺寸不会发生改变。在通过合并拼接方式得到包含多尺度信息的特征图，由于感受野的大小与膨胀率正相关，可以认为膨胀率越大的空洞卷积越有利于提取大尺度的物体。

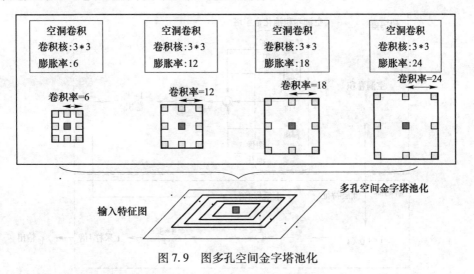

图 7.9　图多孔空间金字塔池化

### 7.2.3　解码-编码器结构

#### 7.2.3.1　编码器设计

编码器的功能主要是提取道路的不同尺度的特征，通过逐渐减少特征图的分辨率来获取露天矿区道路的高级语义信息。由于编码模块中参考了不同尺度的道路特征信息，并且在学习更深层次特征时伴随池化和有步长的卷积操作，必然会导致在分割倾斜影像时目标道路的边界结构信息严重丢失。

本设计的编码器基于 Xception，采用深度可分离卷积来代替原来的卷积层，使得网络能在更少参数、更少计算量的情况下学到同样的道路信息。同时将原来简单的 pool 层改成步长为 2 的深度可分离卷积，在每个 3＊3 的深度卷积之后增加额外的 ReLU 层和归一化操作。从而提高 feature 的分辨率，尽可能避免边界丢失的问题。其结构如图 7.10 所示。

#### 7.2.3.2　解码器设计

解码器的作用是把编码器提取的露天矿道路特征进行整合恢复，解码器的效果和复杂程度对整个分割网络的影响是非常大的。如图 7.10 所示，编解码器工作步骤分为以下三步。

（1）使用深度可分离卷积提取道路的高级语义信息；

（2）采用"密集跳层连接"的 ASPP 模块来进一步获取多尺度道路特征信息，并将不同速率获得的特征进行特征融合；

（3）将深度分离卷积分低级分支特征和（2）中的高级特征进行特征融合，然后将最终提取后的道路特征尺度恢复到输入图像的尺寸大小，实现道路图像的分割提取。

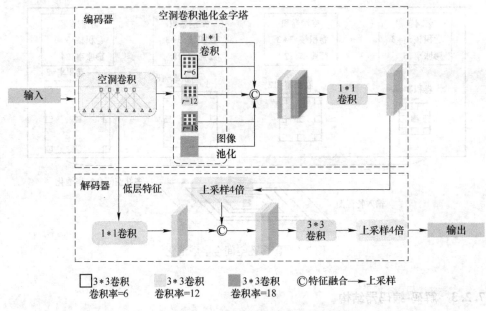

图 7.10　基于 DeepLabv3+的路网提取网络结构

## 7.3　矿区路网图像分割优化模型构建

### 7.3.1　矿区道路提取优化模型

语义分割所面临的挑战中，首先是连续池化和下采样的问题，针对这一问题，最终采用空洞卷积的方式进行处理。其次是多尺度目标问题，为了有效解决这个问题，在语义分割网络中选择了两种方法进行融合处理，包括 ASPP 方法与 encode-decoder 方法。两者能够发挥不同的作用，前者主要用于获取多尺度的上下文信息，后者则基于重构空间信息的方式来捕捉物体边界。

露天矿道路一般呈网状，没有规则的结构，为了能够提取道路的高级特征图，需要更深的网络层次。随着网络层次的加深，前一层网络参数的变化都会导致每一层的网络输入分布发生变化，同时会导致梯度的消失，所以在每个 3 * 3 的深度卷积之后加入批标准化（batch normalization，BN）处理和纠正线性单元（rectified linear unit，ReLU），使每个卷积核的通道数均为 256 个，从而减少了训练过程中每层输入数据分布的变化。

在网络编码过程中，预处理好的道路图像经过基础网络 Xception 和采样率为 6、12、18 的 3 * 3 并行密集空洞卷积 ASPP 模块提取道路特征图，进行合并之后进行 1 * 1 卷积压缩特征，最后经过 4 倍上采样增加特征分辨率，得到特征图 F1。

如上所述，在编码过程中，与 F1 具有相同空间分辨率的低级特征拥有 256 个通道数，占据较大的权重，为了防止在网络训练时偏向低级特征，对 Encoder 提取出来的与 F1 具有相同空间分辨率的特征图利用 48 通道 1\*1 卷积进行卷积降维，得到特征图 F2，该操作有利于平衡 F2 的权重，降低网络训练难度。其次将 F1 与 F2 串联得到特征图 F3。最后，通过对 F3 进行 3\*3 的卷积和因子为 4 的双线性插值上采样改善特征图，将输出的道路特征图恢复为输入图像的相同空间分辨率大小，经过 Softmax 分类层输出路网分割图，优化后的路网提取 Road-DeepLab 模型如图 7.11 所示。

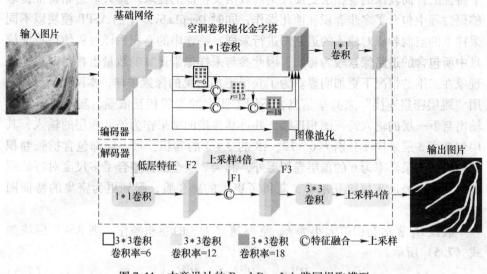

图 7.11　本章设计的 Road-DeepLab 路网提取模型

在露天矿道路提取的整个网络中，为了避免训练过程中道路的有效特征信息在损失函数中被平均后不显著，影响训练效果，因此采用逐像素的加权交叉熵损失函数，如式（7.2）所示。

$$L = -\frac{1}{n}\sum_{i=1}^{n}\left[\lambda_1 y_i \lg \alpha_i + \lambda_2 e^{-f(d_i)}(1-y_i) \cdot \lg(1-\alpha_i)\right] \tag{7.2}$$

式中，$y_i$ 为第 $i$ 个像素的真实值；$\alpha_i$ 为经过 Softmax 函数第 $i$ 个像素的预测值；比例系数 $\lambda_1$ 和 $\lambda_2$ 均为正数且 $\lambda_1 \geqslant \lambda_2$。对于每个像素 $x$，Softmax 分类器的输出见式（7.3）。

$$P_k(x) = \frac{\exp(\alpha_k(x))}{\sum_{R=1}^{K}\exp(\alpha_k(x))} \tag{7.3}$$

式中，$x$ 为二维平面上的像素位置；$K$ 为类别总数；$\alpha_k(x)$ 为 Softmax 输出的像素

$x$ 对应的第 $k$ 个通道的值；$P_k(x)$ 为像素 $x$ 属于第 $k$ 类的概率。因此，整个网络的损失如式（7.4）所示。

$$E = \sum_x w_l \lg(P_l(x)) \tag{7.4}$$

式中，$w_l$ 为类别 l 的损失权重；$P_l(x)$ 为像素 $x$ 属于真实类别 l 的概率。

### 7.3.2 矿区道路特征提取

不同深度的卷积层对图像特征的注意力不同，较浅卷积层的注意力集中在细节特征上，而较深的卷积层更加注重高级语义特征的提取。露天矿道路特征提取编码过程中包含了多步卷积和池化操作，同时 DeepLabv3+中的 ASPP 模块以不同采样率的空洞卷积对输入的道路图进行采样，一连串的卷积采样过程使得特征信息中所包含的道路像素较为稀疏，因此参与采样像素运算的数量也相对减少，此现象在二维的情况下更加明显。为了获得更加密集的像素采样，本网络 ASPP 采用"跳层密集连接"来共享信息，不同扩张率的卷积相互依赖，实现每一层的输出与下一层的输入特征图相连接，并将其连接的结果作为该卷积层的输入，其中包含了 3 层采样率分别为 6、12、18 的 3*3 的卷积，每一层都包含扩张卷积的输出，除采样率为 6 的顶层卷积层外，其余 2 层全部都整合了多尺度对特征图进行处理，经过 3 层级联堆叠，获得了更大的感受野，得到更为密集的特征图输出。

假设 $H_k^r$ 表示卷积核大小为 $k$、空洞速率为 $r$ 的卷积操作，则 ASPP 模块如式（7.5）所示。

$$y = H_3^6(x) + H_3^{12}(x) + H_3^{18}(x) \tag{7.5}$$

空洞卷积可以在不改变特征图分辨率的情况下增大感受野，使得每个卷积输出都包含较大范围的信息。在一维情况下，对于输出信号 $y$ 和输入信号 $x$，空洞卷积计算见式（7.6）。

$$y(i) = \sum_{K=1}^{K} x(i + r * k) w(k) \tag{7.6}$$

式中，$r$ 表示空洞速率；$w(k)$ 表示滤波器在第 $k$ 个位置的参数；$K$ 代表滤波器的尺寸。加入空洞卷积相当于在卷积核的两个值之间插入 $r-1$ 个零，所以会增大感受野，并且两者之间为正相关关系。对于一个卷积核大小为 $k$、空洞速率为 $r$ 的空洞卷积，它能提供的感受野大小见式（7.7）。

$$R = (r - 1) * (k - 1) + k \tag{7.7}$$

对于多层级联的空洞卷积层 $R_1$，$R_2$，…，$R_n$，能够提供的感受野大小见式（7.8）。

$$R = R_1 + R_2 + \cdots + R_n - (n - 1) \tag{7.8}$$

因此，本章获取稠密特征的 ASPP 模块，能提供的感受野大小如图 7.12 所示。

### 7.3.3 道路数据不平衡修正

数据不平衡问题主要存在于监督学习任务中，当遇到不平衡数据时，以总体分类准确率为学习目标的传统分类算法会过多地关注多数类，从而使得少数类样本的分类性能下降，而绝大多数常见的机器学习算法对于不平衡数据集都不能很好地工作。

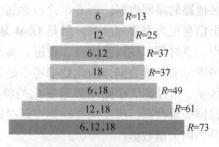

图 7.12 ASPP 感受野范围

露天矿道路提取本质上是一个二分类任务，将道路作为前景信息，其余部分视为背景信息。在本实验数据集中，经计算道路占 15%，其他部分占 85%。由此可知，实验数据中道路和背景之间的像素比例相差较大，如果使用相同的权重直接训练网络则会使网络倾向于将道路划分为背景类。最终的提取结果是生成的道路提取图中几乎没有道路像素区域，使得分类模型的性能变差。因此本章根据道路和背景所占的像素比分别为其设置合适的权重来消除此类别不平衡带来的影响。具体方法为：为背景类设置较小的损失权重系数，为道路区域类设置较大的损失权重系数，计算公式见式（7.9）和式（7.10）。

$$w_0 = \frac{\sum_i N_i/2}{\sum_i N_{i0}} \tag{7.9}$$

$$w_1 = \frac{\sum_i N_i/2}{\sum_i N_{i1}} \tag{7.10}$$

式中，$w_0$ 为背景像素的权重；$w_1$ 为道路区域像素的权重；$N_{i0}$ 为第 $i$ 幅图像中背景像素的个数；$N_{i1}$ 为第 $i$ 幅图像中道路区域像素的个数；$N_i$ 为第 $i$ 幅图像中像素的总数。经过多次实验来调整参数，最后验证当背景和道路的权重为 1∶4（均取整）时训练效果达到最好。

## 7.4 矿区路网轨迹数据坐标转换

### 7.4.1 矿区路网坐标提取

获取电子地图数据是进行道路地图匹配的前提条件，通常可以从开源的 wiki 地图网站 OpenStreamMap（简称 OSM）上下载路网矢量数据，或者也有不少研究通过从高德地图、百度地图等第三方地图平台通过 python 爬虫技术来获取相关地区道路的路网数据。两者相比较而言，通过 OSM 开源地图平台上下载的路网数据信息更为完善和准确。但是 OSM 是开放的数据，该网站上收录的均是不同城市、乡村等区域以及国道、省道、高速公路、乡镇村道等不同等级的开放道路地图图像和矢量数据，因此数据还不是特别全。针对本书所研究的某具体的露天矿场景，以及露天矿路网频繁变化的特点，OSM 上并没有收录该露天矿区具体的路网矢量数据，所以需要在第三章提取的路网基础上获取矿区路网的坐标系数据及路网矢量数据。

由于本节是基于露天矿区道路网数据进行 GPS 轨迹点匹配的，因此获取路网坐标是其中关键的一步。无人机采集的露天矿图像中包含了 GPS 等地理信息，而经过 DeepLabv3+网络提取的路径图像因为在图像处理的一系列过程中失去了原有图像的地理信息，该提取的路网信息只能反映出来露天矿区道路的路径走向特性，不具备地理坐标信息，因此需要将原始图像中地理信息添加到所提取的露天矿路网上，生成带有地理坐标的露天矿路网图，如图 7.13 所示。

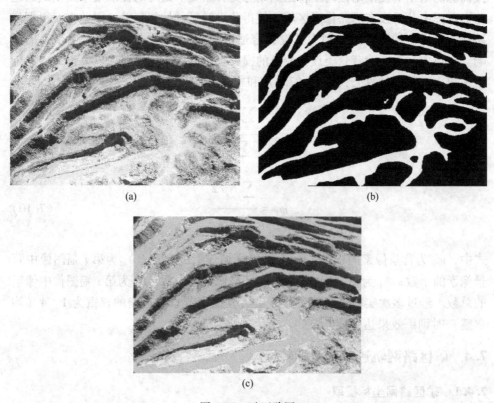

(a)                    (b)

(c)

图 7.13  矿区路网

（a）原始图像；（b）提取的路网图像；（c）具有地理信息的矿区路径图

如图 7.13（c）所示，对包含了矿区所有物体的地理信息矿区路径图进行路网模型构建，将带有路径信息的露天矿区图像作为地图软件 photoscan 的输入数据，经过该软件建模后可输出 3MX 格式的露天矿路网模型。其过程为：（1）对所输入的露天矿区图片进行对齐照片操作；（2）生成密集点云数据，对照片中所有的特征点进行提取生成密集点云信息，使得图像中每一个点都具有空间位置，即三维数据，如图 7.14（a）所示；（3）生成矿区的网格数据和道路瓦片数据，将所有的点云数据连接起来生成面，得到矿区三维重建模型。因无人机倾斜摄影的每幅图像都具有 GPS 信息与拍摄角度，photoscan 软件可根据无人机的 GPS 信息与拍摄角度自动地提取主要控制点，如图 7.14（b）所示为 context capture 中自动创建并提取的三维立体控制点，可精确到模型中接近像素点的 GPS 信息，这些控制点对矿区的道路高低起伏不同高程的问题进行自动处理结合最终生成路网。

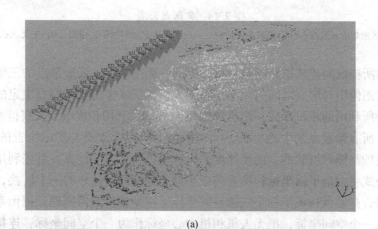

(a)

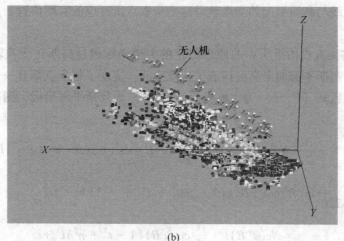

(b)

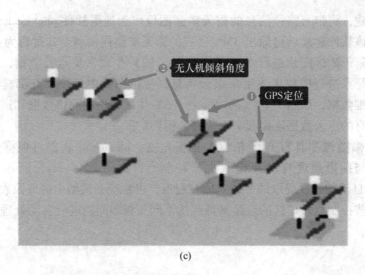

图 7.14 矿区点云图

（a）矿区密集点云数据；（b）提取主要控制点；（c）无人机倾斜摄影，即图（b）中无人机放大图

因为所提取的矿区道路图是一张平面图，而空间物体表面某点的三维几何位置与其在图像中对应点之间的关系是由无人机相机成像的几何模型决定的，即拍摄图像时所利用的相机参数，相机的焦距为 9mm。利用相机参数来获得所提取道路图像上所有像素点的大地坐标，实现图像上所有像素点与实际位置的 GPS 对应。因地球是椭球形状的，而经纬度是大地坐标，为方便计算，首先利用高斯投影正算公式将大地平面坐标转换为高斯平面坐标，经过这样的一个转换，高斯平面坐标结合高度就构成了一个三维空间坐标。根据相机成像原理，把像素正中心坐标作为一个空间坐标，把无人机相机中心坐标作为一个空间坐标，连接这两个中心点的直线与高斯平面的交点就是这个像素点所对应的实际位置。其具体步骤如下：

（1）将无人机拍摄所在的地理位置的大地坐标通过高斯正变换转换成高斯平面坐标，高斯平面加上高度构成了三维空间，实现了每个点都有一个三维坐标与其对应。已知 $(B, L)$ 为大地坐标，$(x, y)$ 为高斯平面坐标，则高斯正算公式为：

$$x = X + \frac{N}{2}\sin(B)\cos(B)l^2 + \frac{N}{24}\sin(B)\cos^3(B)(5 - t^2 + 9\eta^2)l^4 +$$

$$\frac{N}{720}\sin(B)\cos^5(B)(61 - 58t^4 + 270\eta^2 - 330\eta^2 t^2)l^6 \tag{7.11}$$

$$y = N\cos(B)l + \frac{N}{6}\cos^3(B)(1 - t^2 + \eta^2)l^3 +$$

$$\frac{N}{120}\cos^5(B)(5 - 18t^2 + t^4 + 14\eta^2 - 58\eta^2t^2)l^5 \tag{7.12}$$

式中，$B$ 为纬度；$X$ 为子午线弧长。各参数计算公式如下：

$$l = L - L_0 \tag{7.13}$$

$$N = \frac{a}{\sqrt{1 - e^2\sin^2(B)}} \tag{7.14}$$

$$t = \tan(B) \tag{7.15}$$

$$\eta^2 = e^2\cos^2(B) \tag{7.16}$$

$$e = \frac{\sqrt{a^2 - b^2}}{b} \tag{7.17}$$

式中，$L_0$ 为中央子午线经度；$N$ 为卯酉圈曲率半径；$e$ 为第二偏心率；$a$ 为旋转椭球长半轴；$b$ 为短半轴。

（2）根据焦距、相机中心的空间坐标和角度确定出图像上每个像素点所对应的空间坐标；

（3）根据像素点坐标和相机中心坐标求出像素点所对应的实际位置高斯平面中的坐标，建立转换坐标图 7.15。

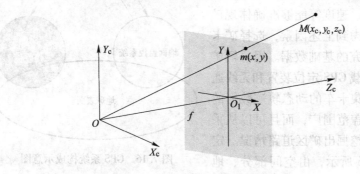

图 7.15　坐标转换

（4）将步骤（3）得到的实际位置的高斯坐标通过高斯逆变换得到其对应的大地坐标。高斯反算公式如下：

$$L = L_0 + \frac{1}{N_f\cos(B_f)}y - \frac{1}{6N_f^3\cos(B_f)}(1 + 2t_f^2 + \eta_f^2)y^3 + $$
$$\frac{1}{120N_f^5\cos(B_f)}(5 + 28t_f^2 + 24t_f^4 + 6\eta_f^2 + 8t_f^2\eta_f^2)y^5 \tag{7.18}$$

$$B = B_f - \frac{t_f}{2M_fN_f}y^2 + \frac{t_f}{24M_fN_f^3}(5 + 3t_f^2 + \eta_f^2 - 9t_f^2\eta_f^2)y^4 + $$

$$\frac{t_f}{720M_fN_f^5}(61 + 90t_f^2 - 45t_f^4)y^6 \tag{7.19}$$

其中，$N_f = \dfrac{a}{\sqrt{1 - e^2\sin(B_f)}}$，$M_f = \dfrac{a(1 - e^2)}{\sqrt{(1 - e^2\sin(B_f))^3}}$，$\eta_f^2 = e^2\cos^2(B_f)$，

$t_f = \tan(B_f)$，$B_f$ 为根据子午线弧长 $X$ 反算的底点纬度。

通过上述坐标投影求解过程，便可以得到道路上每个像素点所对应的实际的大地坐标，为下述提供数据支撑。

### 7.4.2 定位轨迹数据源及处理

#### 7.4.2.1 原始车辆轨迹数据

利用轨迹数据，不仅可以动态跟踪露天矿区移动矿卡的连续轨迹，而且由于矿卡的移动运输受限于道路网，因此可以动态感知露天矿区道路的道路交通状态、道路负荷力和重要交通节点的车流量状况。路网的提取对于交通运输数据的选取较为严谨，既需要具备大数据的基本特点，又需要位置、速度等能够准确体现矿区路网信息，考虑到上述因素，选择矿卡GPS 数据作为研究的基础数据。因每辆矿卡上都安装了车载 GPS 定位装置和无线通信设备，因此采集卡车的动态轨迹数据的数量级较大、覆盖范围广，而且可以从采集到的数据中心挖掘出矿区道路情况。定位系统如图 7.16 所示，由空间部分、地面控制部分和车辆设备部分组成。

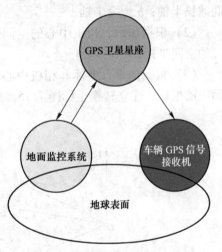

图 7.16 GPS 系统构成示意图

本研究以河南某露天矿区 2021 年 11 月 12 日大约 190 辆矿石卡车运输行驶的轨迹数据为实验数据。通过数据库中表中数据显示，该原始数据中记录了车辆在各个时刻的位置、速度和行驶方向等信息，同一个终端号对应的多个轨迹点数据组成的轨迹片段代表车辆的一次行驶轨迹，具体的数据结构形式和数据实例说明如表 7.1 所示。

表 7.1 轨迹数据结构表

| 字 段 | 数据类型 | 示 例 | 说 明 |
|---|---|---|---|
| TERMINAL_PHONE | Int | 11645678365 | 矿卡设备终端号 |
| Latitude | float | 33.9191698 | 瞬时位置纬度 |
| Longitude | float | 111.505883 | 瞬时位置经度 |

| 字 段 | 数据类型 | 示 例 | 说 明 |
|---|---|---|---|
| Altitude | float | 1295 | 瞬时位置高度 |
| Speed | float | 6.0 | 瞬时速度 |
| CREATE_TM | datetime | 01.11.2021,00:00:42.000 | 发送时间 |
| TRK-MILEAGE | float | 11303.299805 | 车辆里程 |
| ACC_STATUS | Int | 1 | 接收状态 |
| WORK_STATUS | Int | 0 | 工作状态 |
| STOP_STATUS | Int | 0 | 暂停状态 |

#### 7.4.2.2 数据预处理

本节所使用的 GPS 轨迹数据来自搭载在露天矿区车辆上的车载 GPS 终端设备上所传的数据，由于车载定位装备返回的轨迹数据受各种因素的影响可能存在异常值和重复值，如坐标范围不在研究区内的数据、时间戳顺序不符合轨迹逻辑的数据，同一车辆相近时刻相同经纬度的重复数据等，这些大量的重复数据、异常数据、无效数据会对匹配算法的精度产生较大的影响，并有可能得出错误的结果，因此，在地图匹配处理之前，需要对采集到的原始数据进行识别和剔除。下面为对原始轨迹数据进行预处理过程。过程如图 7.17 所示。

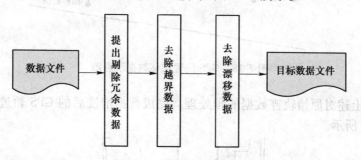

图 7.17 数据处理流程图

（1）剔除冗余数据。GPS 数据冗余主要体现在经纬度位置坐标重叠或局部集中，这些冗余数据包含大量不必要的信息，对实际应用及分析没有必要的意义。GPS 数据冗余产生原因一般有两种：1）GPS 接收机设备故障或传输信号突然中断时，在短时间内最后接收到的定位数据会被重复记录；2）在矿卡一直处于静止的状态或者超低速运行状态时，GPS 接收机仍会依据设定的采集频率接收定位数据，以至返回的 GPS 经纬度坐标数据记录没有变化或者变化很小，而这些重复数据会被记录，这种现象在一定程度上也会影响实验结果，因此需要对该类数据进行排查剔除。矿卡在一个装、运、卸运输流程中，每一个时间戳仅可能返回一条 GPS 数据，不应该存在重复的定位数据。

（2）去除越界数据。通常情况下所研究的露天矿区域中车辆的 GPS 轨迹点应该都是在研究范围之内，但不可避免地也存在少数的越界点，这些越界数据应该被甄别和剔除。具体的操作方法为使用对比算法对所有的数据点进行遍历，对比方法及时将数据点坐标与研究区域外包矩形进行空间关系判断，若点落在外包矩形内或者边界上，则视为正确点，否则视为不可用点，去除该点。

（3）去除漂移数据。数据漂移是由于 GPS 卫星信号在传输过程中受到各种因素作用，如密集的高楼、茂密的植被会对 GPS 信号产生多路径效应的影响，车载设备故障导致计算的位置信息不准确或电源供电不平稳等情况，这使车载 GPS 数据的瞬时速度数据或由经纬度坐标表示的位置数据发生显著的波动，使其游离于整个数据序列之外的情况。如图 7.18 所示，漂移数据是与目标对象的实际运动不相符的虚假数据信息，是一类具有明显错误 GPS 定位数据。如果对原始数据不进行处理，直接采用包含 GPS 漂移数据进行数据分析与挖掘，将影响路网轨迹数据匹配结果，因此，需要对该部分数据进行筛选和过滤。

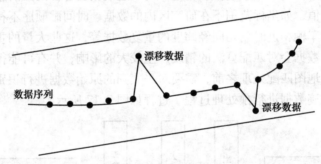

图 7.18　GPS 位置漂移数据示意图

经过上述对原始轨迹数据的预处理，完成数据清洗后的 GPS 轨迹分布情况如图 7.19 所示。

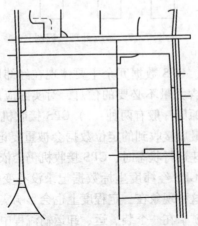

图 7.19　经过清洗后的 GPS 轨迹示意图

### 7.4.3 定位坐标系转换

地球是一个不规则的椭球体，人们为了方便描述地球上的地理位置信息提出了针对椭圆形球体的不同坐标系，包括 WGS84（世界大地）坐标系以及 GCJ-02（国测局）坐标系等，以下是对两种坐标系的简单介绍。

（1）WGS-84 坐标系（地球坐标系）是一种国际上采用的地心坐标系，又称作 1984 年世界大地坐标系。WGS-84 坐标系是为 GPS 全球定位系统使用而建立的坐标系统，也是如今很多互联网地图采用的坐标系统。但是一般情况下，在地图匹配过程中，如果想要在类似于从 OSM 上下载的电子地图上使用该数据，需要通过坐标转换将椭球体坐标系下的坐标转换到平面坐标系上。不直接采用 WGS84 坐标系下的数据主要有两个原因：首先，为了地理信息数据的安全，我国规定不允许直接使用 WGS84 坐标系下的数据信息；其次，WGS84 坐标系是椭球体坐标系，无法在平面地图上直接进行展示。

（2）GCJ-02（火星坐标系）是由中国国家测绘局制订的地理信息系统的坐标系统，是一种在 WGS-84 坐标系基础上进行加密的坐标系统，如高德地图、腾讯地图均使用该坐标系。本书的数据源网约车 GPS 轨迹数据为 GCJ-02 坐标系统。

无人机的出现给拍照带来了很多便利，通过人工技术上的操纵可以拍摄不同角度的图像，非常方便。本节基于无人机倾斜摄影技术所拍摄的矿区图像，利用 DeepLabv3+网络分割出图像中所包含的道路区域。同时，构建数据库存储矿区车辆的 GPS 轨迹数据，其中轨迹数据采用的国际通用的 WGS-84 世界大地坐标系。由于车辆轨迹数据和矿区路网地图数据使用的为两个不同的坐标系，如果直接将车辆轨迹数据叠加到路网数据上，则会产生坐标偏差和偏离现象，导致两者数据不能进行精准匹配。为了解决这种问题，实现对数据轨迹的精准匹配，首先需要将这两种数据转化为同一坐标系下，使得露天矿区路网坐标和车辆轨迹坐标均在同一个坐标系统下，有利于后期轨迹道路的匹配。部分坐标转换结果如表 7.2 所示，表中展示了部分数据在转换前后的对比情况，在误差范围内转换精度较高，与实际情况基本吻合。

表 7.2 数据坐标转换结果

| TERMINAL_PHONE | lat_gcj | lon_gcj | lat_wgs | lon_wgs |
|---|---|---|---|---|
| 11642538312 | 33.9164418 | 111.506198 | 33.9179473 | 111.500165 |
| 11650013014 | 33.9195378 | 111.500977 | 33.9210270 | 111.494927 |
| 11649496445 | 33.9047978 | 111.516893 | 33.9063373 | 111.510894 |

| TERMINAL_PHONE | lat_gcj | lon_gcj | lat_wgs | lon_wgs |
|---|---|---|---|---|
| 11645723831 | 33. 9213668 | 111. 501518 | 33. 9228573 | 111. 495469 |
| 11645736718 | 33. 9052598 | 111. 519238 | 33. 9068059 | 111. 513247 |
| 11650031917 | 33. 9139148 | 111. 5035274 | 33. 9154128 | 111. 497486 |

## 7.5　矿区路网构建实验与分析

### 7.5.1　实验设计

本次实验硬件配置为处理器 AMD R7-4800H,内存 16GB,显卡为 NVIDIA GeForce RTX 2060GPU,操作系统为 Windows 10。本章所涉及网络均在 TensorFlow 框架下搭建,实验程序语言为 Python。

使用预处理好的 UAV 道路数据集对 Road-DeepLab 进行网络训练,训练参数如表7.3所示。其中,"base_learning_rate"表示基础学习率, "training_number_of_ steps"表示迭代次数, "train_batch_size"表示每次学习图像的数量, "weight_ deacy"表示权重衰减。

表 7.3　训练参数

| Parameter | Value |
|---|---|
| weight_deacy | 0. 0001 |
| training_number_of_steps | 100 |
| base_learning_rate | 0. 0001 |
| train_batch_size | 2 |

为了平衡测试、验证和训练所需要的数据关系,将露天矿道路数据集以 1:2:7 的比例划分为验证集、测试集和训练集。

### 7.5.2　评价指标

为准确评估算法,实验综合采用平均交并比（mean intersection over union, MIOU）和像素精度（pixel accuracy, PA）对实验结果进行评估比较,从而来衡量模型检测性能。交并比表示某一类对象的预测结果的像素集合与该类的标签的像素集合的并集和交集之间的比值,实践中常表示为:

$$IoU = \frac{TP}{TP + FP + FN} \tag{7.20}$$

对于道路提取这种二分类的问题, 可表示为:

$$IoU = \sum_{i=0}^{1} \frac{p_{1i}}{\sum\limits_{j=0}^{1} p_{ij} + \sum\limits_{j=0}^{1} p_{ji} - p_{ii}} \qquad (7.21)$$

平均交并比是衡量图像分割精度的重要指标，表示在每个类上计算 IOU，通常先求出所有类的交并比，之后求平均。

像素精度表示为分类正确无误的像素占图像像素总数的百分比，是一种常用的精度评价指标。本章以 $f_{\text{MIOU}}$、$f_{\text{PA}}$ 分别表示平均交并比和像素精确度，计算公式如下：

$$f_{\text{MIOU}} = \frac{1}{k} \sum_{i=1}^{k} \frac{P_{ii}}{\sum\limits_{j=1}^{k} P_{ij} + \sum\limits_{j=1}^{k} P_{ji} - P_{ii}}$$

$$f_{\text{PA}} = \sum_{i=1}^{k} \frac{P_{ii}}{\sum\limits_{i=1}^{k} \sum\limits_{j=1}^{k} P_{ij}} \qquad (7.22)$$

式中，$P_{ij}$ 为真实值为 $i$ 但被预测为 $j$ 的像素数；$k$ 为类别数。

从指标表述上来看，检测结果的平均交并比和像素精度都是越高越好。图 7.20 为语义分割指标图，TP 表示正确提取的道路长度；FP 表示错误提取道路长度；FN 表示遗漏的道路长度。因此像素精度表示分类正确的像素占总像素的百分比，在一定程度上反映了算法对真实道路的识别能力；平均交并比能准确地反映总体的预测性能，可以反映算法的抗干扰能力。

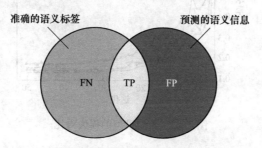

图 7.20 语义分割指标图

### 7.5.3 结果分析

#### 7.5.3.1 实验结果定量分析

将相同的数据集分别对 U-Net、SegNet、DeepLabv3+作网络训练和实验，并将实验结果与本章算法作比较。图 7.21 为改进 DeepLabv3+网络中使用不同的 ASPP 模块在训练过程中的损失曲线，可以看出模型在第 9 次 epoch 时 loss 值出现了一个比较明显的上升变化，这是因为原始图像经过 Xception 网络后包含了大量的道路低级特征图，而密集连接的 ASPP 模块输出的是道路的高级特征图，两种特征图融合时低级特征图会分散高级特征图的占比。在训练达到 24 次之后，loss 值趋于一个平缓稳定的状态，说明模型基本上完成了收敛。图 7.22 为改进的 DeepLab 模型和其他模型在验证集上的损失曲线对比，其中包括了不同时间、不同地点和多种类型的道路图像，如十字、错位、多路等。

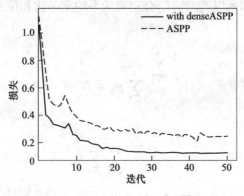

图 7.21 损失曲线

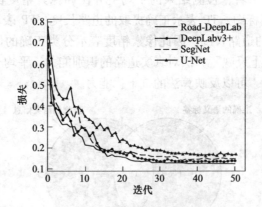

图 7.22 不同模型的损失对比

为了验证不同的 ASPP 分割效果，构建不同的 ASPP 模块进行道路分割，其结果对比如表 7.4 所示。当使用密集连接 ASPP（6，12，18，24）时分割精度最高，但是在耗时方面，分割一张图像的时间比原始结构的 ASPP 多 46ms，时间大约超出原分割网络的 1/3，而密集连接 ASPP(6，12，18) 的 MIOU 值相比于原始网络提高了 3.9%，分割时间只延长了 4ms，具有很高的时效性，由此也说明使用密集连接的 ASPP(6，12，18) 代替原始网络的 ASPP 模块可以实现很好的性能。

**表 7.4 不同 ASPP 模块对比结果**

| 结 构 | 最大感受野 | 平均交并比/% | 时间/ms |
|---|---|---|---|
| ASPP（6，12，18） | 37 | 75.34 | 123 |
| DenseASPP（6，12） | 37 | 75.23 | 88 |
| DenseASPP（6，18） | 49 | 76.98 | 91 |
| DenseASPP（6，12，18） | 73 | 79.24 | 127 |
| DenseASPP（6，12，18，24） | 121 | 79.83 | 169 |

表 7.5 为不同网络模型的性能比较。由表 7.5 可知，U-Net 的性能最差，相比于其他三个模型，Road-DeepLab 网络的结果最优，其 MIOU 值为 79.27%。由图 7.22 及表 7.5 可以看出，Road-DeepLab 模型可以达到更低的损失和更高的精度。

**表 7.5 不同模型性能比较**

| 模 型 | 像素准确率/% | 平均交并比/% |
|---|---|---|
| U-Net | 69.80 | 59.87 |
| SegNet | 72.74 | 61.06 |
| DeepLabv3+ | 88.59 | 75.43 |
| Road-DeepLab | 92.41 | 79.27 |

### 7.5.3.2 实验结果定性分析

图 7.23 为不同网络的提取结果对比图。为了验证本网络结构的优越性，将相同的测试图输入预训练好的不同模型。由图 7.22 可知，使用 Road-DeepLab 提取效果优于其他三个网络，该网络提取的露天矿路网轮廓更加清晰，提取的道路较完整且连续，道路边缘位置准确，很少存在"漏检"和过拟合现象；而其他三个网络均存在过拟合现象，提取结果存在大量道路断连和毛边问题。其中U-Net 的提取结果最差，几乎不能体现露天矿道路的几何形状和分布；SegNet 次之，虽然可以看出道路的大概轮廓，但存在较多孤立点和识别误区，大量道路出现断裂现象，存在"漏检"现象，仍然不能体现出道路的基本信息；原始的DeepLabv3+网络虽然能够看出道路的结构，但是存在部分道路断裂和噪点的情况，需要更进一步的改进。因此，Road-DeepLab 网络更具有优越性和有效性，有利于获取真实、连续的道路网。

为了验证本网络提取道路细节的效果，在制作图像标签时故意没有标注整体道路区域，如图 7.24 所示。其中，图 7.24（a）中虚线框与实线框显示的部分分别与图 7.24（c）中内容相对应。由结果显示，图 7.24（b）与图 7.24（c）的不同之处在于框选出来的部分，结合图 7.24（a）~（c）可知，本网络有效识

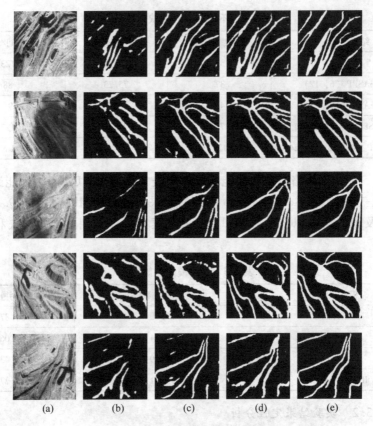

图 7.23 不同网络路网提取对比图

(a) 原始图像；(b) U-Net 提取结果；(c) SegNet 提取结果；

(d) DeepLabv3+提取结果；(e) Road-DeepLab 提取结果

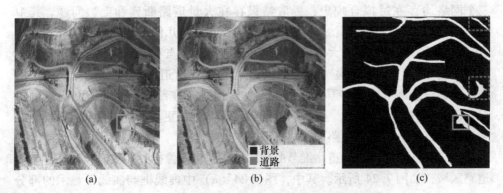

图 7.24 路网提取效果图

(a) 原始图像；(b) 标签图像；(c) 提取图像

别出了标签以外比较细小的道路，并且延长了图像视野中有效的道路，如图中虚线框部分。实线框部分为渣石堆，由于其顶部被铲平和经过长期沉淀，其纹理、颜色和结构与露天矿非结构化道路非常相似，因此分类器误将实线渣石堆部分识别为道路，但是总体上分割出来的露天矿路网与真实路径基本一致，相比于其他网络更具有优势。

## 7.6 本章小结

深度学习的进步离不开大规模数据的建立，在深度学习图像处理领域，算法的优劣受数据集质量和规模的影响很大。本章首先针对露天矿区原始数据质量不优的特点，设计露天矿道路图像增强算法对原始图像进行降噪去雾等处理，同时设计了五种增广方案实现数据集的扩增，建立实验数据集。详细介绍了露天矿路网提取模型，以及针对分割边缘精度不高、边界消失的问题所做的改进点，最后通过消融实验和不同网络的对比实验，结合定性分析和定向分析，从指标客观评价以及效果直面评价两方面，验证了本章算法无论是在模型性能方面还是在露天矿路网提取效果方面均具有优势。

# 8 矿区无人驾驶行车道路障碍检测

露天矿区非结构化道路时常出现路面坑洼、塌陷、凹陷积水等负障碍，这些障碍特征与道路特征相似度较高，在无人矿卡行进的过程中很难发现，很容易导致重载矿卡的车身倾斜和颠簸，并给无人矿卡的生产运输带来极大安全隐患。针对露天矿区复杂环境下障碍物检测，首先构建了露天矿区行车障碍数据集，并对于正向障碍类别进行细分，并针对露天矿区障碍物的多尺度、小目标的特点，对网络模型进行大量优化以满足无人驾驶矿车的安全驾驶。

## 8.1 矿区行车障碍目标检测模型

### 8.1.1 行车障碍目标检测概述

#### 8.1.1.1 行车环境分析

露天矿封闭环境中的道路环境有别于正常驾驶，道路不确定性大，平整度差，没有精确的路宽标注和车道线。但露天矿无人卡车车型基本一致，车辆的宽高长等从视觉上影响障碍检测和距离测定的因素比较统一。同时驾驶过程中调度算法会统一安排车辆行进属于单向行驶，如图 8.1 所示，因此不存在超车等复杂状态存在，所有车辆速度和间隔基本一致，可行驶区域相对固定保证驾驶秩序。这两点都降低了环境感知的复杂性。

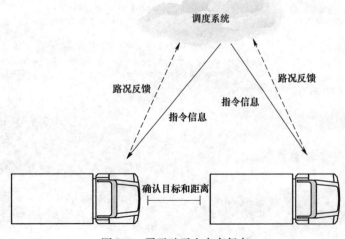

图 8.1　露天矿无人卡车行车

### 8.1.1.2 行车障碍目标分析

首先，车辆障碍的主要目标的前方可能存在障碍物，前车可能由于制动差错或者突发性状况导致与后车的距离缩小出现行车障碍。其次，由于现场需要有少量的辅助工作人员，进入卡车运载现场，所以需要考虑前方行人。因此，对于车前传感器采集的行车障碍目标图像而言，检测目标稀疏且形状跨度小，但目标像素占比较大。因此本章主要以前车和行人作为行车障碍目标进行识别和检测，以识别精度和时效性作为依据。

### 8.1.1.3 基础检测网络选择

在露天矿区内采用计算机视觉对前方目标进行检测的目的是提取到行车障碍目标的位置、大小和类别信息，为后续的距离估计提供依据。对于露天矿近距离的大型行车障碍目标，需要的检测精度很高，要求检测的距离和类别信息不能出现较大偏差，否则会严重影响随后的距离估计。在计算机视觉任务中目标检测是指，在图像中指明检测目标的类别并且以矩形检测框的形式标注出目标的位置。而实例分割任务，需要将目标物逐像素标注。随着检测任务研究的不断深入，为了更精确地提供目标的图像信息，实例分割任务逐渐与检测任务相统一。

本章采用 Mask R-CNN 模型作为基础检测模型，并根据实地情况做出改进和优化，以提高检测精度。Mask R-CNN 的结构虽然源自 R-CNN 系列，但通过增加参数较少的掩膜层完成了实例分割视觉任务，在露天矿障碍识别方面扩展了障碍目标的描述特征，有利于随后距离估算与预测任务。从结构上理解，Mask R-CNN 结合了 Faster R-CNN、FCN（fully convolutional networks）[102]、FPN（feature pyramid networks）[103]，改进了原有 ROIPooling，提出了 RoIAlign 层，更加精确地完成从检测框到特征图的映射问题。下面对 Mask R-CNN 与 Faster R-CNN 不同和改进的部分进行分块说明。

## 8.1.2 行车障碍目标特征提取子网络

骨架网络设计是目标检测的关键，参数少、易于收敛、特征丰富的骨架网络一直是研究的难点和热点。在目标检测网络中，选择骨架网络的标准是在较小的参数下针对目标任务尽可能地提取有效信息。一般地，随着网络加深和参数的增加，整体性能会不断上升，但随之而来的是梯度更新不稳定产生的梯度爆炸，并且网络深层级可能难以学习到有效的特征，引起"退化"。为此，ResNet 通过残差连接模块，在学习方面表现了"至少不比上一层差"的思想，大幅度缓解了"退化"问题，是当前最有效的骨架网络之一。图 8.2 展示了 Mask R-CNN 的骨架网络。

ResNet101 中共有 101 层，分为 5 个阶段和 32 个残差连接模块，每个残差模块又由三个或者四个卷积层以及批归一化构成。图中 Shortcon(n) 代表残差连接模块，n 代表残差连接时卷积核数量参数，具体的残差连接实现如下：

图 8.3 中，K 代表了卷积核尺寸，S 代表卷积步长，C 代表卷积核数量，在每个残差模块的开始采用图 8.3（b）的连接模式。该连接模式通过步长为 2 的卷积操作，将输入特征图的大小降低（在 C2 中步长为 1），增加卷积核数量，容纳更多的卷积特征。除第一次残差连接后均使用尺寸不变的残差连接。两种残差连接的开始设计卷积核为 1 的卷积操作将数据维度缩减，采用 3*3 的卷积核进行特征提取。

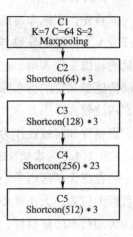

图 8.2 ResNet101 结构

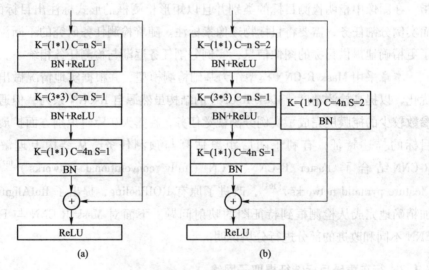

图 8.3 残差连接示意图
（a）尺寸不变残差连接；（b）尺寸缩减残差连接

从残差连接的结构看出，在反向传播的过程中每个 shortcon 中最后的梯度会根据并联的特性加 1，从而保证了上一个 shortcon 的梯度的输入都是在 1 附近，有效地避免了求导链式法则中的梯度放大和缩小效应，也增加了梯度的传播速度，降低了网络的训练难度。

### 8.1.3 行车障碍目标多尺度特征融合

前文在 Faster R-CNN 中介绍了 RPN 的网络结构和 Anchor 的生成规则，但

Faster R-CNN 仅仅使用了底层特征图。在特征提取中浅层网络学习到图像的细节特征，如边、角、纹理等，深层网络学习到图像的深层语义，如形状，结构等。仅仅使用深层网络对大目标检测来所会丢失部分特征细节，对小目标来说容易造成目标丢失。Mask R-CNN 中采用 FPN 的多尺度融合策略，将不同层级的元素经过上采样后逐元素相加，实际效果好且计算简单。

图 8.4 说明了多尺度特征图的生成和融合过程。各阶段首先采用卷积核为 1 的卷积操作固定输入 PRN 特征图的通道数，本章设置为 256。由于 Resnet101 各个阶段输出的特征图尺寸为上阶段的尺寸的一半，因此要在特征融合前采用双线性插值扩展特征图大小，最后利用 1 * 1 卷积消除各个层级直接相加的混合效果。因为 C1 阶段使用大卷积核滑动步长和最大池化来快速降低特征图大小，得到的特征相对粗糙，所以为减少计算量舍弃 C1 阶段。而引入了 C5 阶段后 MaxPooling 生成 P6 特征图，确保可以生成更大的 Anchor 框，拥有更大的感受野。表 8.1 显示了不同阶段的特征图尺寸，可以发现通过上采样让融合特征图的尺寸保持一致，这使得每层的特征图拥有了底层特征图的部分特征，强化了特征提取的功能。

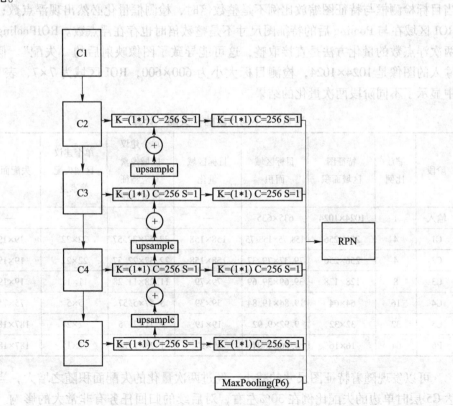

图 8.4 多尺度特征融合

表 8.1　各阶段特征图的尺寸

| 阶段 | Resnet 输出 | 叠加输出 | RPN 输入 |
|---|---|---|---|
| C1 | (256, 256, 64) | — | — |
| C2 | (256, 256, 256) | (256, 256, 256) | (256, 256, 256) |
| C3 | (128, 128, 512) | (128, 128, 256) | (128, 128, 256) |
| C4 | (64, 64, 1024) | (64, 64, 256) | (64, 64, 256) |
| C5 | (32, 32, 2048) | (32, 32, 256) | (32, 32, 256) |
| P6 | — | — | (16, 16, 256) |

### 8.1.4　行车障碍目标候选检测区域生成

多尺度特征融合后进入 RPN 子网中创建 ROI 候选区，由于 ROI 候选区的大小与特征图大小不匹配，进行缩放后会造成一定程度的失真，Mask R-CNN 在 ROIPooling 的基础上提出了 ROIAlign。

在 Faster RCNN 中，ROIPooling 是一种量化 ROI 坐标框并进行映射的方法。当目标检测框与特征图缩放比例不是整数倍时，检测框量化必然出现浮点数；当 ROI 区域在与 Pooling 后的特征图尺寸不是整数倍时也存在浮点数。ROIPooling 对两次浮点数的量化方法是直接取整，这可能导致了图像映射后的"失配"。假如输入的图像是 1024×1024，检测目标大小为 600×600，ROI 区域为 7×7，表 8.2 中显示了不同阶段两次量化的结果。

表 8.2　不同阶段的"失配"计算

| 阶段 | 缩放比例 | 特征图区域面积 | 目标区域面积 | 目标区域量化 | 单个建议区域像素对应特征区域面积 | 单个建议区域失配像素量 | 失配面积 |
|---|---|---|---|---|---|---|---|
| 输入 | 1 | 1024×1024 | 635×635 | — | — | — | — |
| C1 | 4 | 256×256 | 158.75×158.75 | 158×158 | 22.57×22.57 | 22×22 | 19×19 |
| C2 | 4 | 256×256 | 79.37×79.37 | 158×158 | 22.57×22.57 | 22×22 | 19×19 |
| C3 | 8 | 128×128 | 39.69×39.69 | 79×79 | 11.28×11.28 | 11×11 | 19×19 |
| C4 | 16 | 64×64 | 19.84×19.84 | 39×39 | 5.57×5.57 | 5×5 | 75×75 |
| C5 | 32 | 32×32 | 9.92×9.92 | 19×19 | 2.71×2.75 | 2×2 | 187×187 |
| P6 | 64 | 16×16 | 4.96×4.94 | 9×9 | 1.28×1.28 | 1×1 | 187×187 |

可以发现随着特征图尺寸的减小，经过两次量化的失配面积随之增大，当到达 C5 层时单边的失配比例在 30% 左右，对后续的归回任务有非常大的影响。针对失配问题，应用 ROIAlign 方法通过双线性内插，大幅度提高池化精度。

ROIAlign 方法如图 8.5 所示。

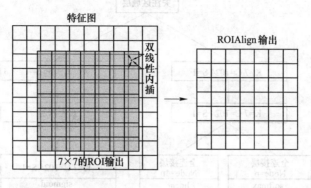

图 8.5　ROIAlign 操作

首先，遍历每一个候选区域，保持浮点数边界不做量化。然后，将候选区域分割成 7×7 个单元，每个单元的边界也不做量化。接下来，在每个单元中用双线性内插的方法计算出中心位置的像素值，以此作为输出。其中双线性内插的方法同 Upsample 相同。

ROIAlign 的反向传播同 ROIPooling 相似，都是反向寻找映射点，只不过 ROIAlign 没有对应特征图中的某个点，而是参与双线性内插的所有点。具体梯度为：

$$\frac{\partial L}{\partial x_i} = \sum_r \sum_j \left[ d(i, i^*(r, j)) < 1 \right] (1 - \Delta h)(1 - \Delta w) \frac{\partial L}{\partial y_{rj}} \qquad (8.1)$$

式中，$L$ 为前一阶段出入的损失；$x_i$ 为前行计算时选择的中心点；$y_{rj}$ 为 ROIAlign 后得到的第 $r$ 个 ROI 中的第 $j$ 个点；$d(i, i^*)$ 为其他点与中心点的距离，在这里只将梯度传播到距离小于 1 的点中，因为这些点参与了线性插值；$\Delta h$、$\Delta w$ 分别为邻近点与中心点横纵坐标的差值均小于 1，将它们与 1 的距离作为该层的真实梯度传入梯度计算中。

### 8.1.5　检测与分割分支

由上一阶段对所有层级的特征图进行 ROIAlign 后得到的均为 7×7 的 ROI 区域，为了实现检测和实例分割两种视觉任务，分别将特征图送入检测分支和分割分支。主要的结构如图 8.6 所示。

检测分支首先采用 7 * 7 的大卷积核覆盖整个 ROI，然后采用 1 * 1 卷积做特征维度变换。在分类检测输出时采用 Softmax 函数做最大概率计算确定类别，其中全连接的节点数是类别数，采用另外的全连接层确定节点数是 $4n$，计算四个边框坐标的位置偏移量。

实例分割分支中先采用 3 层卷积进行特征提取，此时得到的特征图尺寸为

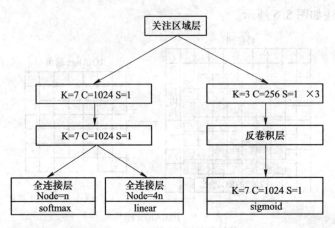

图 8.6 检测与分割子网结构

28×28，然后将特征图送入反卷积层（Conv2DTranspose）。在实例分割中我们需要对特征图总的每个像素点进行分类预测，因此就需要将小特征图进行放大操作，第 2 章中介绍了反卷积层是目前实例分割中流行的扩展特征图大小的操作，本质上是卷积层的变种。

图 8.7 展示了两种扩展方式，在示例分割中通常选取选择内部填充方式进行

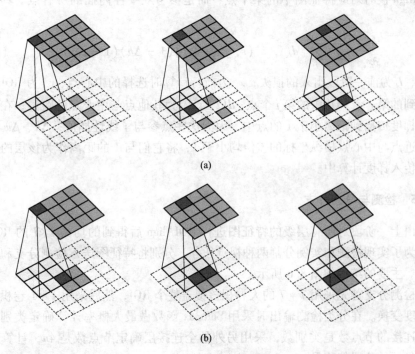

图 8.7 两种反卷积方式

(a) 内部填充；(b) 外部填充

扩展。最后将反卷积后的特征图送入 $1*1$ 的卷积中采用 Sigmoid 函数对每个像素进行预测，确定是否为目标。考虑到内存与计算量的问题，选择小掩膜特征，这时输出为 $n$ 个 $56 \times 56$ 的掩膜，对于每个类别都设置一个相应的掩膜，在计算损失时不同类别的掩膜不会受到干扰。

### 8.1.6 模型损失函数

从分支网络可以看出，Mask RCNN 的损失由三部分组成分别是：分类损失（$L_{cls}$）、检测框回归损失（$L_{bbox}$），以及实例分割损失（$L_{mask}$）。

分类损失：

$$L_{cls} = -\frac{1}{n} \sum_{i=1}^{n} p_i [ p_i \lg(p_i) + (1 - p_i) \lg(1 - p_i) ] \tag{8.2}$$

检测框回归损失：

$$L_{bbox} = -\frac{1}{4n} \sum_{i=1}^{n} \sum_{j}^{4} \text{smooth}_{L_1}(x_{ij})$$

$$\text{smooth}_{L_1} \begin{cases} 0.5 * x^2 & |x| < 1 \\ |x| - 0.5 & \text{otherwise} \end{cases} \tag{8.3}$$

式（8.2）与式（8.3）中的 $n$ 均代表类别个数与 ROI 区域的积，$x_{ij}$，$j \in \{x, y, \lg(w), \lg(h)\}$ 则代表了不同 ROI 下的中心坐标和长宽的对数增量。检测框四个坐标相对于中心点和长宽的收敛范围太大，采用中心点坐标和长宽的对数空间值，对收敛有很大帮助。

实例分割损失：

$$L_{mask} = \frac{1}{n} \sum_{i=1}^{n} \sum_{j=1}^{m} -y_j^{truth} \ln[ p(y_j^{pred} | x_j) ] - (1 - y_j^{truth}) \ln[ 1 - p(y_j^{pred} | x_j) ]$$

$$\tag{8.4}$$

式中，$n$ 和 $m$ 为实例分割分支的输出特征图长宽像素点；$y_j^{truth}$ 与 $y_j^{pred}$ 为 $j$ 点的真实值和预测值。

网络整体损失是三项的直接相加：

$$L = L_{cls} + L_{bbox} + L_{mask} \tag{8.5}$$

## 8.2 矿区行车障碍目标特征提取

在 Mask R-CNN 的基础上，针对露天矿行车过程中车前障碍物占比较大的实际情况，对特征提取的子网进行改进优化。通用检测数据集 COCO 是网络训练和检测的主流数据集，基础 Mask R-CNN 网络的性能设置和改进都是针对 COCO 数据集的评价标准和目标分布进行。在 COCO 数据集中平均每个图像的目标数为 7.2，COCO 中小于 32×32 像素的目标有 41%，面积大于 32×32 小于 96×96 的目标有 34%，面积大于 96×96 的目标有 24%，标注框小于总面积 10% 的目标与占比小于 90% 的目标的检测框差距有 20 倍，因此 COCO 数据集属于目标稠密，小目标多，检测跨度大的数据集。本书露天矿数据集中预警目标的占比较大，目标像素大于 128×128 的目标占 74%，因此需要尽可能提高中大型目标的定位与分割精度。

Mask R-CNN 的骨架网络 ResNet 分为 5 个阶段，除第一阶段外，其余阶段也都会缩小特征图的大小。Li 等人[104]认为过大的下采样导致大物体边界区域的检测和定位精度下降，但不缩小特征图尺寸会影响高层卷次特征的感受野，出现语义瓶颈不易于检测和分割。

感受野主要分为局部感受野和全局感受野，局部感受野指该层网络中某一节点与上层网络中相关的节点个数主要是由该层的卷积方式决定。而全局感受野是指特征网络的输出层中的节点与输入图像像素点关联的个数。不难发现全局感受野和卷积方式以及网络结构有关，而与输入的图像无关。但数据集中对应的障碍目标是根据数据集的变化而不断变动的，因此针对露天矿障碍大型目标在特征提取时需要考虑到全局感受野。

本章引入扩展卷积（dilated convolution）block 单元。如图 8.8 所示，常规 3 * 3 卷积操作的局部感受野为 3×3，扩展率为 1 的扩展卷积为 5 * 5，扩展卷积可以在参数量相同的情况下感受野扩大。

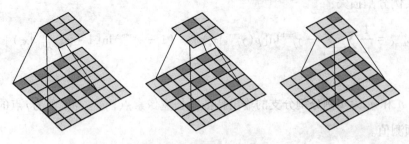

图 8.8　扩展卷积示意图

本章在 C2、C3、C4、C5 阶段最后的残差连接部分引入扩展率为 1 的扩展卷积。图 8.9 显示了引入扩展卷积后的残差连接，保持原有 ResNet 中子网结构不变，将中间层卷积替换为扩展卷积。在残差连接的基础上结合了扩展卷积的非局部特征感受野，提取特征信息，解决了深度连接梯度消失以及局部连接只能通过收缩特征图增大局部感受野的缺点。局部感受野随着卷积层的深入不断叠加，对于最后卷积层映射到原图像中作用域的大小称为全局感受野，全局感受野表明了最终网络提取目标整体特征的能力范围。

可以根据卷积过程计算全局感受野大小，计算公式如下：

$$r_l = r_{l-1} + (k_l - 1) * S_{l-1} * rate_l$$
$$S_l = S_{l-1} * s_l \qquad (8.6)$$

式中，$r_l$、$s_l$ 和 $rate_l$ 分别为该层的全局感受野、步长以及扩展卷积率；$S_l$ 为到该层步长的累积。

表 8.3 展示了 Resnet101 各阶段中理论全局感受野大小。但这是通过简单前向运算得到的理论大小的感受野，实际会有 0 填充同时并不是感受野内所有像素对输出向量的贡献相同。

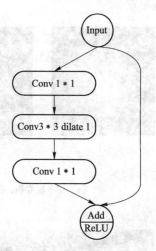

图 8.9 引入扩展卷积的残差连接

表 8.3 不同阶段感受野的大小

| 阶段（包含 RPN） | 原网络全局感受野 | 改进后的全局感受野 |
| --- | --- | --- |
| C2 | 41 | 57 |
| C3 | 101 | 133 |
| C4 | 861 | 963 |
| C5 | 1101 | 1402 |

Luo 等人[105]认为，只有对最后特征图有贡献的点才是真正的有效感受野，在很多情况下理论感受野区域内像素点对最后特征点的贡献度是呈高斯分布的，而有效感受野仅占理论感受野的一部分，且高斯分布从中心到边缘快速衰减，所以真实的全局感受野比实际感受野小很多。图 8.10 展示了采用随机权重、随机初始化和 ReLu 激活函数的卷积神经网络不同层卷积后的有效感受野。(a)到 (d) 中理论全局感受野为 11、21、41 和 81，有效感受野相对理论感受野均有所衰减，可以看出有效感受野会随着卷积层的堆叠不断收缩，在图 8.10 (d)中 40 层卷积的感受野以及那个缩减到理论感受野的中心范围。因此大部分网络设计时理论感受野会远大于需要检测的目标，从而取得不错的特征提取效果。

露天矿障碍目标处于较近距离时，行车障碍物的图像占比很大，对行车也有很大危险，如果无法精确地检测出近距离目标，则距离估算的精度会大幅下降。图 8.11 示意了不同感受野对特征的提取。改进后的 C5 层在进行特征图提取时，1402 单边像素的理论全局感受野，比先前的更大，能确保大目标整体特征的识别和提取对较大目标的检测精度。

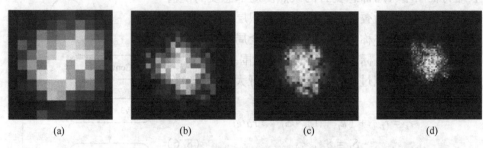

图 8.10 随机初始化下不同卷积层的有效感受野
(a) 第5层卷积；(b) 第10层卷积；(c) 第20层卷积；(d) 第40层卷积

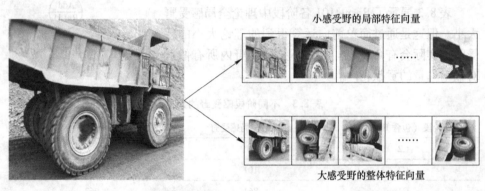

图 8.11 不同感受野对大目标特征提取

## 8.3 候选检测框生成优化

露天矿区行车过程中，车前的潜在障碍目标相对于通常的检测任务来说是稀疏的，不存在密集型检测。因此，为了加快收敛速度，需要对检测框生产的过程进行优化，剔除冗余边框，减少不必要的竞争。

MaskR-CNN 的 RPN 子网在训练时，首先会根据特征图的大小生成一系列大小固定稠密 Anchor。随后根据 RPN 网络输出修正坐标值并进行非极大值抑制算法，但原先稠密 Anchor 的个数太多，在非极大值抑制中非会剔除掉 99% 的 Anchor。由于露天矿障碍的种类以及每张图片中出现的检测目标较少，在训练时固定每张图像生成的正负比例的 ROI 候选区域也比较少，而输入图像的尺寸较大，因此原先过于稠密的 Anchor 生成机制会增加训练时间，同时干扰有效 Anchor 的选取。图 8.12 展示了密集边框的剔除过程，点画线框为真实边框，虚线框表示被剔除的，实线框代表保留下的 Anchor，可以发现有大量的 Anchor 被剔除。

Mask R-CNN 中的 Anchor 的生成机制是在特征图滑动地对每个像素点生成一

图 8.12 Anchor 的非极大值抑制

定比例和数量的候选框, 为了更好覆盖障碍检测物, 针对滑动机制做出了适应性改进。

每个阶段特征图的大小不同感受野不同, 从 C2 到 C5 特征图逐渐减少感受野逐渐增大, 因此在大特征图上对应小尺寸的 Anchor 在小特征图中生成大尺寸的 Anchor, 这也是金字塔特征提取的核心思想。但由于先前的网络都是针对 COCO 等数据集小目标较多, 原先网络设计在大特征图和小特征图中的滑动步长完全一致均为 1, 保证足量的 Anchor 可以覆盖到目标。可是露天矿障碍检测中目标较大, 也比较稀疏, 这样的滑动设计就存在相当大的冗余。表 8.4 为固定步长后每个阶段的 Anchor 总数。

表 8.4 不同阶段的 Anchor 数量

| 阶段 | 步长 s=1 | 步长 s=2 | 步长 s=3 | 步长 s=4 | 步长 s=5 |
|---|---|---|---|---|---|
| C2 | 196608 | 49152 | 22188 | 12288 | 8112 |
| C3 | 49152 | 12288 | 5547 | 3072 | 2028 |
| C4 | 12288 | 3072 | 1452 | 768 | 507 |
| C5 | 3072 | 768 | 363 | 192 | 147 |
| C6 | 768 | 192 | 108 | 48 | 48 |
| 总数 | 261120 | 65472 | 29658 | 16368 | 10842 |

为了检验不同滑动步长产生的 Anchor 的有效性, 在露天矿数据集中选择不同步长的 Anchor 与障碍目标的 IoU 作为评价依据分别将 0.5、0.75 与 0.9 作为阈值的划分是否覆盖目标。

表 8.5 展示了障碍目标覆盖情况分别是生成步长 1~5 的 Anchor 对真实边框在 IoU（Intersection-over-Union）分别是 0.5、0.75 与 0.9 下的百分比。其中 IoU 为交并比 $\dfrac{S(A \cap B)}{S(A \cup B)}$，$A$ 代表 Anchor 覆盖的区域，$B$ 代表真实标注边框覆盖的区域，$S$ 为两个区域的面积。

表 8.5 不同步长对检测目标的覆盖精度

| 步长 | 实际覆盖目标数@0.5/% | 实际覆盖目标数@0.75/% | 实际覆盖目标数@0.9/% |
|---|---|---|---|
| 1 | 95.02 | 29.41 | 0.90 |
| 2 | 86.43 | 14.93 | 0.00 |
| 3 | 70.59 | 6.79 | 0.00 |
| 4 | 47.96 | 3.62 | 0.00 |
| 5 | 38.46 | 1.81 | 0.00 |

从表 8.4 与表 8.5 中发现以下规律：

（1）随着步长的增加 Anchor 的总数下降，但下降的速度变缓。

（2）随着 Anchor 总数下降，实际覆盖的目标总数也不断下降，但下降的速度不同。可以看出当步长从 1 增加到 2 时，Anchor 的总数下降了 75%，而实际覆盖的总数（阈值为 0.5）仅仅下降了 10% 左右。

（3）随着步长的增加不同阈值下覆盖目标数，下降的比例不同。

根据 Anchor 的生成机制并结合以上分析不难发现，在 C1 阶段的 Anchor 数量占到了总 Anchor 数量的 65%，而其覆盖的面积仅有 32×32，而中型或大型目标的检测框数量比较少，因此简单的修改滑动步长很难适用于露天矿数据集的障碍目标。

针对此问题，提出式（8.7）作为判定依据：

$$r = \frac{0.5 \times IoU_{0.5} + 0.75 \times IoU_{0.75} + 0.9 \times IoU_{0.9}}{N_{anchor}} \tag{8.7}$$

在步长 1~5 范围内进行搜索。其中 IoU 代表了不同阈值下满足阈值条件的 Anchor 的个数，$N$ 代表了总 Anchor 的生成个数。可以发现指标中将 IoU 的面积作为其权重系数，对于 RPN 来说如果初次 IoU 小于 0.5 会被自动丢弃，大于 0.5 则会训练保留。

改进后的区域候选框的生成流程如下：首先遍历数据集确定 RPN 网络每个阶段搜索步长，并根据特征图尺寸生成 Anchor；然后根据 RPN 输出的前景置信度，保留得分最高的 3000 个 Anchor；接下来，将 RPN 输出的坐标归回值作用于 Anchor 坐标上；最后，将所有边框按照前景置信度从高到低排序，计算置信度最高的边框与其余边框的 IoU，如果 IoU 大于 0.7 则剔除，依次从上到下进行。如果遍历后选择的生成的数量大于 2000，则增大 IoU 的阈值，如果小于 2600 则用 0

填充。

采用上述改进算法，在露天矿行车数据集中，最终确定各阶段的滑动步长为 $[5,4,1,1,1]$，各个阶段 Anchor 的数量为｛C2：8112，C3：3072，C4：12288，C5：3072，C6：768｝，覆盖目标总数从分别为：｛@0.5：196，@0.75：48，@0.9：1｝。相比初始的 Anchor 数量，改进后的数量下降了 89.54%，而覆盖目标数仅下降了 6.67%，加快了 Anchor 的筛选速度，同时避免了无效竞争提高检测精度。

## 8.4 基于 RetinaNet 的行车障碍检测模型构建

RetinaNet 作为一阶段算法的代表，使用了 focal loss 来解决深度学习的网络模型中正负样本不均衡的问题，其结构如图 8.13 所示。

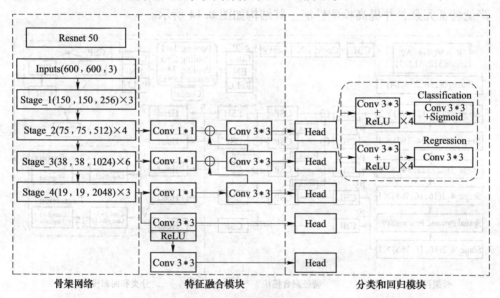

图 8.13 RetinaNet 网络结构

RetinaNet 使用了 ResNet50 作为特征提取网络，在 FPN 中 P3、P4、P5 使用 ResNet50 的 Stage_2、Stage_3、Stage_4 的输出进行 $1*1$ 卷积后归一为通道数 256 的特征图；P6 是经过 Stage_4 的输出进行步长为 2 的 $3*3$ 卷积而来；P7 则是通过对 P6 使用 ReLU 激活函数后再进行步长为 2 的 $3*3$ 卷积，用来增强大目标的检测。在网络的预测分类的 Head 中，P3~P7 每层的先验框面积从 $32^2$ ~ $512^2$，先验框的长宽比为 $[1:2, 1:1, 2:1]$，size 为 $[2^0, 2^{1/3}, 2^{2/3}]$，这样每层的先验框数量为 9。通过预设的 Anchor 可以表达目标物体的位置与大小信息，但是其并不准确，仍然存在少许误差，因此 RetinaNet 在网络的每个分类预测模块 Head 中分别进行了 4 次 256 通道与过滤器组合的 $3*3$ 卷积模块和一个线性分类器的卷积的结果对 Anchor 进行微调。

由于 RetinaNet 使用了五个不同尺寸的特征图进行分类回归操作，使得网络各个 Anchor 之间过渡更加平滑，提升网络的多尺度检测性能。当 RetinaNet 的输入分辨率为 600×600 时，在分类预测层中最大特征图尺寸仅为 75×75，对应的先验框面积为 $32^2$，使得露天矿区的小目标检测性能较差，同时多尺度检测性能和检测速度还有待进一步提升。

基于上述讨论，为了解决露天矿区障碍物中小目标和多尺度问题，本章基于 Retinanet 提出了双向特征融合的露天矿区障碍检测模型。在特征提取阶段，提出了更加高效的 RepVGG+ 作为骨干特征提取网络；在特征融合阶段，使用基于 SimAM 空间与通道注意力和跨阶段连接的双向融合特征金字塔（bidirectional feature pyramid network，B-FPN）；在解耦头方面，对 Head 结构进行进一步优化，降低特征冗余，并提高检测性能，其结构如图 8.14 所示。

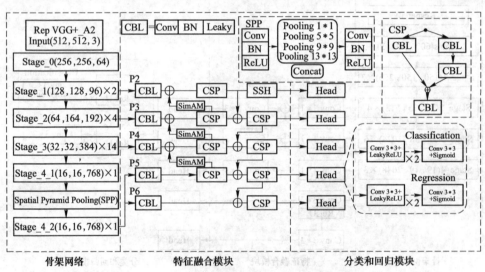

图 8.14　双向特征融合的露天矿区障碍检测模型

## 8.5　矿区行车障碍检测模型优化改进

### 8.5.1　障碍特征提取网络 RepVGG+优化

如上文所述，目标检测的网络架构大致可以分为 3 个通用的模块，具体包括：通用 Backbone 网络、特征融合 FPN 和用于分类的 Head，其中 Backbone 网络主要作为通用特征的提取，具体包括了物体的颜色、形状和纹理等，作为目标分类网络中的 Backbone 是很多下游任务的基准，如目标检测、语义分割、实例分割等，Backbone 性能几乎决定了一个目标检测任务的上限。

在主流的计算机视觉方法中，ResNet 和 MobileNet 经常作为特征提取的骨干网络，众多学者的研究表明：ResNet 残差网络其提取到的特征更具鲁棒性，同时根据不同的任务目标，可以通过对 ResNet 网络的不同层数堆叠，获得不同深度和宽度的骨干网络，如 ResNet18、ResNet34、ResNet50 等。MobileNet 网络由于其参数量较小，对硬件的计算能力要求较低，大多应用于低算力的嵌入式设备。传统的 VGG 网络近年来逐渐被主流的下游任务所抛弃，其主要的原因是 VGG 的模型更大，参数量更多，其部署难度较大，同时相较于 ResNet 网络 VGG 的性能较差，VGG 网络的结构如图 8.15 所示。

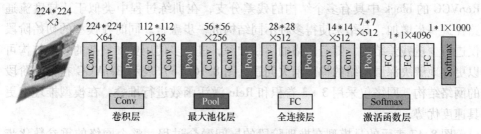

图 8.15　VGG 网络结构

RepVGG 是在 VGG 网络的基础上进行改进的用于目标分类的骨干网络，主要的改进点包括：（1）在 VGG 网络的 Block 块中加入了类似于 ResNet 网络的 Identity 和残差分支，提升网络精度；（2）在模型推理阶段，为了便于模型的部署与加速，通过层间融合策略将 block 中的网络层都转换为 3 * 3 卷积，RepVGG 的 block 结构如图 8.16 所示。

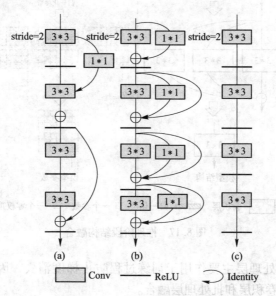

图 8.16　RepVGG 网络 block
（a）ResNet；（b）RepVGG training；（c）RepVGG Inference

　　图 8.16 展示了 RepVGG 网络的 block 结构，图 8.16（a）表示的是原始的 ResNet 网络的 block，其中包含着 1 * 1 卷积和 Identity 的残差结构，正是由于残差结构通过跳层连接的方法改善了深层网络在训练过程中的梯度消失。图 8.16（b）表示的是 RepVGG 在训练阶段的网络结构，其设计理念与 ResNet 网络较为接近，都是在网络中加入大量残差结构。相较于 ResNet，RepVGG 网络中的残差块并没有跳过 2 个 3 * 3 卷积层，同时网络包含了 2 种残差结构，一种仅包含 1 * 1 卷积残差分支和多个包含 1 * 1 卷积和 Identity 的残差结构。由于在 RepVGG 的 block 中具有多个结构的残差分支，在训练过程中类似于让梯度流通路径进一步增加，其结果使得多种不同结构进一步融合。同时在模型的初始阶段仅进行少量残差结构，随着网络的不断加深，进一步使用更加复杂的残差结构可以更好地解决深层网络的梯度消失问题。图 8.16（c）表示 RepVGG 在推理阶段的网络结构，网络仅采用 3 * 3 卷积和 Relu 激活函数进行堆叠，在模型推理上更具速度优势。

　　图 8.17 表示的是模型在推理阶段的层间融合过程。整个网络的重参数化步骤如下所示。

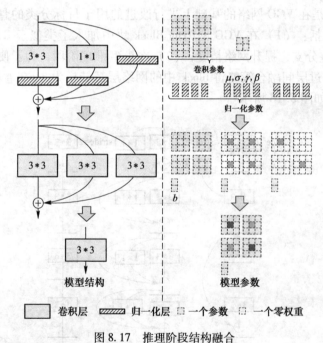

图 8.17　推理阶段结构融合

　　（1）由于批处理层主要作用于训练过程防止梯度消失，因此在推理阶段首先将残差块中的卷积层和批处理层融合。

　　（2）将融合后的 1 * 1 卷积和 Identity 操作转化为 3 * 3 卷积。由于整个残差块中可能包含 1 * 1 卷积分支和 Identity 两种分支，对于 1 * 1 卷积分支而言，整个转换过程是先将 1 * 1 卷积核中的数值移动到 3 * 3 卷积核的中心点，然后直接用 3 * 3 卷积核替换 1 * 1 的卷积核；而对于 Identity 分支而言，由于该分支并没有改变输入的特征映射的数值，在这里直接设置一个 3 * 3 卷积核，然后将所有的卷积参数权重置为 1，那么它与输入的特征映射相乘之后，保持了原来的数值[106]。

（3）将残差分支的权重和偏置进行叠加起来，获得一个仅包含 3 * 3 卷积的网络层。

RepVGG 作为骨干网络，在图片分类任务中取得了优异的性能，但其在目标检测任务中还有待优化，因此提出了 RepVGG+结构，如图 8.18 所示。

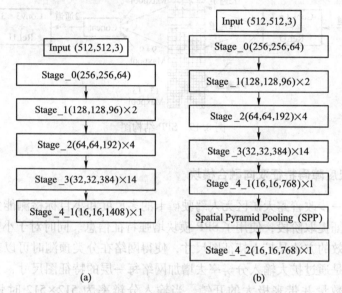

图 8.18　RepVGG 优化结构图

(a) RepVGG_A2; (b) RepVGG_A2+

虽然 RepVGG 在图片分类任务中取得了优异的性能，但其在目标检测任务中还有待优化。如图 8.18（a）所示，RepVGG 的 Stage4 中只进行了一次 RepVGG block 卷积操作，并使用了 1408 个通道，更大的通道数对于多分类任务会获得更好的性能。但是将 RepVGG 作为目标检测任务时，由于其 Stage4 的特征图卷积次数过少，使得 16×16 尺寸的特征图，难以得到更加抽象的特征信息。因此如图 8.18（b）所示，本章提出了更加适应于目标检测任务的 RepVGG+，对 Stage4 模块进行了两次基本卷积操作，同时将 Stage4 的通道数调整为 768，进一步降低参数量，保证检测精度与速度的平衡。大尺寸的卷积核可以扩大网络感受野，显著提高网络性能，但是由于越大的卷积核其计算速度越慢，因此本章提出在 Stage4 中使用金字塔池化结构（spatial pyramid pooling, SPP）。

如图 8.19 所示将 RepVGG 的 Stage4_1 特征层进行卷积批处理和激活操作，使通道数变为 384，然后分别利用 13 * 13、9 * 9、5 * 5、1 * 1（即不进行池化处理），4 种尺寸依次增加的池化核进行处理，并将这四个输出在空间维度叠加。这时通道数变为之前的 4 倍，即 1536，最后再次使用卷积批处理和激活操作使通道数还原为 768。SPP 通过使用大尺寸池化核增加神经网络的感受野并分离出显著的上下文特征，提升多尺度和小目标的检测性能。

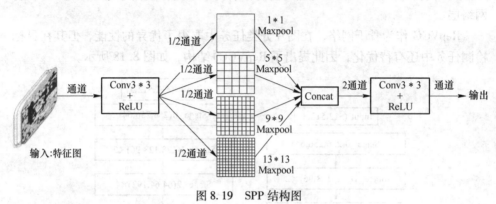

图 8.19　SPP 结构图

### 8.5.2　多尺度障碍特征双向融合模块

为了进一步改善露天矿区无人驾驶矿卡的多尺度和小目标检测能力，本章在骨干网络特征提取阶段，使用了 SPP 模块增强特征信息。同时对于小微物体检测更加行之有效的方法是扩大特征图尺寸，使得网络在分类预测时可以获得更多特征信息。但是通过扩大输入分辨率去增加网络每一层的特征图尺寸，会进一步扩大网络的参数量并带来极大的开销。当输入分辨率为 512×512 时骨干网络的 Stage1 特征图尺寸为 128×128，包含了丰富的特征信息，因此本章将骨干特征网络的 Stage1 的特征图作为特征金字塔模块 P2 层的输入，并取消用于大目标检测的 P7 层。但是 Stage1 特征信息具有较多的噪声，在分类过程难以直接被解析。因此本章提出 B-FPN 结构，进一步优化网络各层的特征信息使 P2 层使网络可以获得更加抽象高效的语义特征，同时提升多尺度检测性能，其结构如图 8.20 所示。

如图 8.20 所示，将骨干网络的 Stage1、Stage2、Stage3、Stage4_2 的特征图进行 1 * 1 卷积模块操作获得通道数为 96 的 P2、P3、P4、P5 层，同时对 Stage2 的输出进行使用步长为 2 的 3 * 3 卷积模块操作获得特征尺寸为 8 * 8 的 P6 层。在自下而上的融合过程中，P5 层使用跨阶段连接卷积（CSPnet）[107] 后进行上采样处理和 SimAM 注意力[108] 进行特征增强，然后与 P4 的特征图进行横向连接，之后的每层重复进行上述上采样和横向连接操作，使得每一层获得了骨干网络各

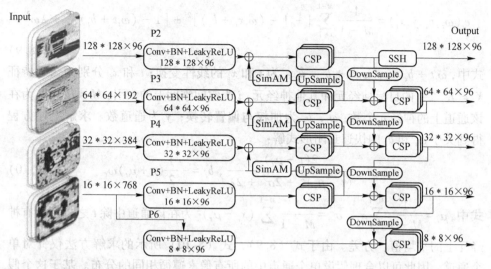

图 8.20 基于 SimAM 通道与空间注意力和跨阶段连接的双向特征融合模块

层的特征信息，减少了 P3 层的噪声信息。在 P3 层之后使用 SSH[109]结构进一步扩大特征图感受野，提升微小目标检测能力。在自上而下的融合过程中，P3、P4、P5、P6 层则与上一层下采样之后的特征图相加后进行 CSP 卷积处理，达到特征网络双向融合的目的。

网络的基础卷积模块为卷积+批处理+LeakyReLU，相较于 ReLU 激活函数 LeakyReLU，当 $x \leqslant 0$ 时使用 $\lambda$ 系数调节梯度，使得神经元在取负值时也有微小梯度，可以有效改善神经元死亡问题，两者的数学表达如式（8.8）所示。

$$\text{ReLU} = \begin{cases} f(x) = x, & x > 0 \\ 0 & , x \leqslant 0 \end{cases}$$

$$\text{LeakyReLU} = \begin{cases} f(x) = x & , x > 0 \\ f(x) = \lambda x & , x \leqslant 0 \end{cases} \tag{8.8}$$

在特征融合模块中使用 CSP 结构提升不同特征层在横向连接后的特征信息，其思想类似于 ResNet 的残差结构，通过将特征进行跨阶段分类，同时截断梯度流用于解决信息冗余问题。CSPNet 的结构如图 8.20 所示，将输入拆分为相同通道数的稠密分支与稀疏分支，稠密分支进行多次卷积后与稀疏分支进行拼接，还原输入特征图。由于在 CSP 中梯度流被截断，显著降低计算量并提升特征提取能力。

上采样的过程中，采用 nearest 插值方法会损失一定的局部特征图信息，为此引入了 SimAM 空间与通道注意力机制，挖掘通道间各个神经元的重要特征。在计算机视觉中现有的注意力模块集中在通道域或空间域与人脑中基于特征的注意和基于空间的注意相对应。然而，在人类中，这两种机制共存，共同促进视觉处理过程中的信息选择。SimAM 为每个神经元定义了以下能量函数：

$$e_t(\omega_t, b_t, y, x_i) = \frac{1}{M-1} \sum_{i=1}^{M-1} \left[ -1 - (\omega_t x_i + b_t) \right]^2 + \left[ 1 - (\omega_t t + b_t) \right]^2 + \lambda \omega_t^2$$

$$(8.9)$$

式中，$\omega_t t + b_t = \hat{t}$，$\omega_t x_i + b_t = \hat{x}_i$，为 $t$ 和 $x_i$ 的线性变换；$t$ 和 $x_i$ 分别为输入特征 $X \in R^{C \times H \times W}$ 的目标神经元和其他神经元；$i$ 为空间维度上的索引；$M = H \times W$ 为在该通道上的神经元个数；$\omega_t$，$b_t$ 为加权与偏置转换；$y$ 为通道数。求解上述方程得到关于 $\omega_t$ 和 $b_t$ 的快速封闭形式解：

$$\omega_t = -\frac{2(t - \mu_t)}{(t - \mu_t)^2 + 2\sigma^2 + 2\lambda}, \quad b_t = -\frac{1}{2}(t + \mu_t)\omega_t \quad (8.10)$$

式中，$\mu_t = \frac{1}{M-1} \sum_{i=1}^{M-1} x_i$，$\sigma^2 = \frac{1}{M-1} \sum_{i}^{M-1} (x_i - \mu_t)^2$ 为在该通道中除 $t$ 之外的所有神经元上的平均值、方差。由于式（8.9）、式（8.10）所示的求解方法仅针对单个通道，因此可以合理假设单个通道中的所有像素遵循相同的分布。基于这个假设，便可以合理地在所有神经元上计算其均值和方差，并在该通道上对所有神经元重复使用。这样可以显著降低计算成本，避免对每个位置进行迭代计算 $\mu$ 和 $\sigma$，因此得到如下的最小能量公式。

$$e_t^* = \frac{4(\hat{\sigma}^2 + \lambda)}{(t - \hat{\mu})^2 + 2\hat{\sigma}^2 + 2\lambda} \quad (8.11)$$

式中，$\hat{\mu} = \frac{1}{M} \sum_{i=1}^{M} x_i$，$\hat{\sigma}^2 = \frac{1}{M-1} \sum_{i=1}^{M} (x_i - \hat{\mu})^2$。

上述公式意味着：能量越低，神经元 $t$ 与周围神经元的区别越大，重要性越高。因此，神经元的重要性可以通过 $1/e^*$ 得到，最后使用 sigmoid 对特征进行增强处理。

$$\widetilde{X} = \mathrm{sigmoid}\left(\frac{1}{E}\right) \odot X \quad (8.12)$$

其中 $E$ 将所有 $e_t^*$ 跨通道和空间维度进行分组。因此，使用 SimAM 注意力机制，通过对上采样中每个通道的神经元计算其重要程度，并对相应的神经元特征进行增强处理，从而改善在上采样插值过程中的特征信息丢失问题。

为了进一步增强 P2 层特征，提升微小目标检测性能。在 P2 层进行特征融合之后，使用 SSH[70] 模块处理，其结构如图 8.21 所示，通过引入 5 * 5、7 * 7 卷积核提高感受野，从而引入更多的上下文信息，同时由于大尺寸的卷积核在计算量和计算时间上远超过小尺寸卷积核，因此采用多个 3 * 3 卷积层进行拼接，用来模拟 5 * 5、7 * 7 卷积层。本文在 3 * 3 卷积模块中还加入了批处理层，同时将激活函数由 ReLU 更换为 LeakyReLU，优化模型最终得到的 SSH 模块就如图 8.21 所示。

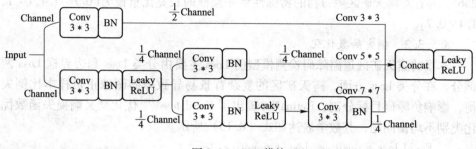

图 8.21　SSH 模块

### 8.5.3　障碍检测定位优化

#### 8.5.3.1　分类预测模块优化

在上一节中，通过双向特征融合已经获取到了足够高维的语义特征信息，而 RetinaNet 的分类预测网络，如图 8.22（a）所示，经过特征金字塔处理的特征层进行连续四次 $3*3$ 卷积+ReLU，同时每次卷积均包含 256 个通道数，进行进一步特征提取，由于每层的 anchor 有九种尺寸，因此使用 $9*K$（类别数量）通道数的卷积层和 Sigmoid 激活函数对目标进行分类。而边界框的预测回归子网与目标分类子网并行处理，将每个先验框的偏移量还原到真实对象。其设计与分类分支相似，对于每个先验框使用 $t_x$，$t_y$，$t_w$，$t_h$ 四个变量输出预测其与真实框之间的相对偏移量。

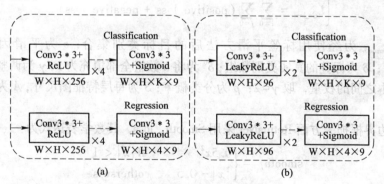

图 8.22　分类与边界框预测分支
（a）RetinaNet；（b）Our Model

如图 8.22（b）所示，由于本章提出的模型在特征融合阶段已经进行了高效的卷积，因此模型通道数和过滤器调整为 96，并进行 2 次 $3*3$ 卷积和批处理以及 LeakyReLU 激活，减少计算量和特征冗余。同时由于模型使用了更大的 P2 层的特征图，删除了 P7 层的特征图，因此将 P2～P6 层先验框的面积调整为 $16^2$～

$256^2$，并针对露天矿区障碍物的特殊性将先验框的长宽比重设为 $[0.7:1.4,1:1,1.4:0.7]$。

### 8.5.3.2　损失函数优化

本章的露天矿区道路障碍检测模型的 Loss 主要由分类 Loss 和边界框 Loss 两部分。在分类 Loss 方面，露天矿区的复杂背景易导致障碍图像正负样本比例失衡，影响负障碍目标分割，RetinaNet 提出了 Focal loss[110]优化交叉熵损失函数优化类别不均衡问题，其数学表达如式（8.13）所示。

$$\text{Focal loss} = \text{positive\_loss} + \text{negative\_loss}$$
$$= \left[ -\alpha(1-p)^\gamma \log(p) \right] + \left[ -(1-\alpha)p^\gamma \log(1-p) \right] \quad (8.13)$$

式中，$\gamma$ 为调整难、易分类样本之间的权重；$\alpha$ 为调整正负、样本之间的权重，$p$ 为模型分类后得到的概率。

为了应对训练过程中某些易样本的过拟合，导致的难样本置信度偏低引起的精度下降，本章在 Focal Loss 结合标签平滑正则化方法[111]，通过抑制易样本在计算损失函数时的权重，增加难样本权重抑制过拟合。因此分类损失函数如式（8.14）所示。

$$\begin{cases} C_{\text{smooth}} = (1-e)\delta + \dfrac{e\delta^0}{K} \\ \text{positive\_loss} = -C_{\text{smooth}}(1-p)^\gamma \log(p) \\ \text{negative\_loss} = -(1-C_{\text{smooth}})p^\gamma \log(1-p) \\ L_{\text{cls\_loss}} = \displaystyle\sum_{i=0}^{S\times S}\sum_{j=0}^{A} (\text{positive\_loss} + \text{negative\_loss}) \end{cases} \quad (8.14)$$

式中，$C_{\text{smooth}}$ 为经使用标签平滑方法后的目标类别集合；$e$ 为平滑因子，取 $e=0.01$；$\delta$ 为标签的真实类别数组；$\delta^0$ 为将 $\delta$ 数组全部填充为 1；$\gamma$ 为调整难、易分类样本之间的权重，取 $\gamma=2$；$p$ 为分类概率；$S$ 为每层特征图尺寸；$A$ 为先验框数量。

在边界框损失方面 RetinaNet 采用 $\text{Smooth}_{L_1}$ loss，其数学表达式为：

$$\text{smooth}_{L_1} = \begin{cases} 0.5x^2 & \text{if } |x| < 1 \\ |x| - 0.5 & \text{otherswise} \end{cases} \quad (8.15)$$

$$L_{\text{reg\_loss}} = \sum_{i=0}^{S\times S}\sum_{j=0}^{A}\sum_{k\in(x,y,w,h)} \text{Smooth}_{L_1}(t_1^u, v_i) \quad (8.16)$$

式中，$x$ 为预测框和真实框之间的数值差异；$v_i = (v_x,\ v_y,\ v_w,\ v_h)$ 为真实框坐标，$t_1^u = (t_x^u,\ t_y^u,\ t_w^u,\ t_h^u)$ 为预测框坐标，即分别求 $(x,\ y,\ w,\ h)$ 4 个值的 loss，然后相加作为边界框损失函数。

而在目标检测的评价标准中，均采用不同阈值下的 IoU 值进行精度指标的评价，同时 $\text{Smooth}_{L_1}$ loss 由于仅计算预测框于真实框之间的数值差异，对于预测框的定位误差较大。IoU 即交并比，计算预测框于真实框之间相交的比例，其值越大代表预测框定位越精准，IoU 的计算式为：

$$IoU = \frac{|A \cap B|}{|A \cup B|} \tag{8.17}$$

式中，$A$ 代表预测框，$B$ 代表真实框。预测框与真实框 L1 范数相同时 IoU 取值如图 8.23 所示，其中虚线矩形为标签位置，实线矩形为预测框，当 L1 范数的值相同时，不同位置的预测框与真实框的交并比差异较大，而 Retinanet 的边界框 Loss 是基于 $Smooth_{L_1}$ loss 得到使得其边界框位置定位不精确。

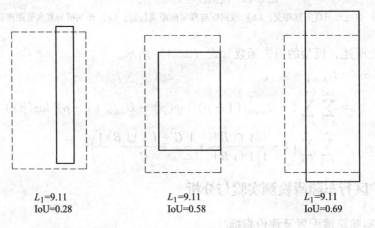

$$L_1=9.11 \qquad L_1=9.11 \qquad L_1=9.11$$
$$IoU=0.28 \qquad IoU=0.58 \qquad IoU=0.69$$

图 8.23　预测框与真实框 L1 范数相同时 IoU 与 GIoU 取值

当使用 IoU 计算被检测物体的边界框 Loss 时，若预测框与真实框并不重叠此时 IoU=0，使得 Loss 函数梯度消失。因此，Rezatofighi 等人提出 GIoU[112]，其原理如图 8.24 所示，实线框为真实框，虚线框为预测框，两者的最小闭合框为点画线框区域，其计算方法如式（8.18）所示。其中 $A$、$B$ 分别表示预测框和真实框，$C$ 表示预测框与真实框的闭包区域，即图 8.24 中黑色框区域。

$$GIoU = IoU - \frac{|C - (A \cup B)|}{C} \tag{8.18}$$

如式（8.18）所示，当预测框与真实框的距离越远，$C$ 的面积越大，使得 GIoU 的值趋近于-1。当预测框与真实框重合时，$C$ 面积越小，导致 GIoU 趋近于 0。因此，以 GIoU 作为边界框 Loss，其数学表达式为：

$$GIoULoss = 1 - GIoU \tag{8.19}$$

本文使用 GIoU Loss 对模型的边界框 Loss 进行优化，使模型在边界框定位更加精准。因此模型的边界框 Loss 如下：

$$L_{reg\_loss} = \sum_{i=0}^{S \times S} \sum_{j=0}^{A} \left( 1 - \frac{|A \cap B|}{|A \cup B|} + \frac{|C - (A \cup B)|}{C} \right) \tag{8.20}$$

(a)　　　　　　　　　　(b)　　　　　　　　　　(c)

图 8.24　预测框与真实框的不同情况

（a）预测框与真实框相交；（b）预测框与真实框距离较近；（c）预测框与真实框距离较远

综上所述，模型的损失函数如式（8.21）所示。

$$Loss = L_{cls\_loss} + L_{reg\_loss}$$

$$= \sum_{i=0}^{S \times S} \sum_{j=0}^{A} (-C_{smooth}(1-p)^{\gamma}\log(p) - C_{smooth}(1-p)^{\gamma}\log(p)) +$$

$$\sum_{i=0}^{S \times S} \sum_{j=0}^{A} \left(1 - \frac{|A \cap B|}{|A \cup B|} + \frac{|C - (A \cup B)|}{C}\right) \qquad (8.21)$$

## 8.6　矿区行车障碍检测实验与分析

### 8.6.1　实验环境配置及评价指标

本实验采用的环境配置为 i9-10900X CPU，NVIDIA GeForce 3090（24G）GPU，本实验的网络模型基于 Pytorch 1.7，Python3.6，Cuda11.1 框架搭建，由于数据集较少导致模型难以拟合，因此训练采用了迁移学习方式。目标检测模型作为下游任务，对骨干网络的 ImageNet 数据集训练的权重进行裁剪，删除不必要分类分支，并在 VOC2007+2012 数据集上进行预训练，得到迁移学习的 VOC 数据集权重；然后基于 VOC 数据集权重，对权重的分类分支进行修改以契合本文类别数目，并采取分段式训练方法，首先冻结骨干网络权重进行冻结训练，使网络骨干在训练初期只参与特征提取并不对权值进行更新，防止训练初期网络随机性过大破坏初始权值；训练 20 个 Epoch 后，解冻骨干网络权重参与整个网络训练，并进行 50 个 Epoch 的训练，实验的各项参数集合如表 8.6 所示。

表 8.6　训练参数

| 训练数据集 | 超参数名称 | 参数值 |
|---|---|---|
| VOC 2007+2012 数据集<br>迁移学习预训练 | 图像输入尺寸 | 512×512×3 |
| | 批处理数量 | 16 |
| | Epoch | 120 |

| 训练数据集 | 超参数名称 | 参数值 |
|---|---|---|
| VOC 2007+2012 数据集<br>迁移学习预训练 | 学习率 | 0.005 |
| | 优化方法 | Adam |
| | 动量参数 | 0.9 |
| | 学习率影响因素 | 0.5 |
| | 学习率 Patience | 5 |
| | NMS 阈值 | 0.43 |
| 本章数据集 | 图像输入尺寸 | 512×512×3 |
| | 冻结训练 批处理数量 | 32 |
| | 冻结训练 Epoch | 20 |
| | 冻结训练 学习率 | 0.0001 |
| | 解冻训练 批处理数量 | 16 |
| | 解冻训练 Epoch | 50 |
| | 解冻训练 学习率 | 0.00001 |
| | 优化方法 | Adam |
| | 动量参数 | 0.9 |
| | 学习率影响因素 | 0.5 |
| | 学习率 Patience | 2 |
| | NMS 阈值 | 0.46 |

实验采用精度（$P$）、召回率（$R$）、平均精度（AP）和 mAP 四个指标作为模型精度评价的标准。

$$P = \frac{TP}{TP + FP}, \quad R = \frac{TP}{TP + FN}, \quad AP = \frac{\sum_1^n P \times R}{N}, \quad mAP = \frac{\sum_1^n AP}{n} \quad (8.22)$$

式中，TP 为正确检测出的目标；FP 为将背景错误检测为目标；FN 为未能检测出的目标；$n$ 为目标检测的类别；$N$ 为检测到的障碍物数量；AP 衡量模型对负障碍目标检测的准确性；mAP 是所有 AP 的平均值，用来衡量整个模型的检测准确度。

在模型的推理速度和计算量方面采用了参数量（Paras），浮点运算数（FLOPs），和 fps（帧每秒）作为评价指标，Paras 和 FLOPs 的计算方法如下（以卷积层计算为例）：

$$Paras = K_h \times K_w \times C_{in} \times C_{out} + C_{out} \quad (8.23)$$

$$FLOPs = (K_h \times K_w \times C_{in} \times C_{out} + C_{out}) \times H' \times W' = Paras \times H' \times W' \quad (8.24)$$

式中，$K_h$、$K_w$ 为卷积核高度和宽度；$C_{in}$、$C_{out}$ 为输入、输出通道数；$H'$、$W'$ 为输出特征图尺寸高度和宽度。

$AP$ 衡量模型对负障碍目标检测的准确性；$mAP$ 是所有 $AP$ 的平均值，用来衡量整个模型的检测准确度。模型的综合性能评价越高，表示负障碍检测模型的鲁棒性越强。FLOPs 为计算机浮点运算数，用来评估算法的计算复杂度。

### 8.6.2　行车障碍检测模型性能验证

如图 8.25 所示，本章所提出的露天矿区障碍检测模型在多种情况下都有着良好的表现。在大尺寸物体的检测上边界框定位精准，物体置信度均高于 0.9，在小目标的检测中，对于行人和尖锐碎石的检测性能较好，对于多尺度特征的负向障碍也能做到更加准确的检测和精确定位，可以满足露天矿区无人驾驶矿卡在封闭、低速环境下的安全驾驶需求。

图 8.25　露天矿区行进障碍物检测结果

如表 8.7 所示，本章模型与主流的目标检测网络进行了对比分析，所有训练均使用迁移学习方式，由于网络特性不同，SSD、Faster-RCNN、RetinaNet、本章模型均采用了 VOC2007+2012 作为预训练数据集，YOLO4、YOLOX、EfficintDet 使用了 COCO2017 数据集作为预训练数据集。

表 8.7　不同网络模型对比

| 模　型 | 输入尺寸 | 全类平均精度/% | 速度/fps | 参数量/M | 每秒峰值速度/G | 碎石平均精度/% |
|---|---|---|---|---|---|---|
| SSD | 300×300 | 76.83 | 112.96 | 24.41 | 30.74 | 0.12 |
| Faster-RCNN | 600×600 | 75.24 | 21.77 | 28.34 | 470.09 | 42.12 |
| YOLO4 | 416×416 | 80.14 | 61.34 | 63.97 | 29.9 | 14.30 |

续表 8.7

| 模 型 | 输入尺寸 | 全类平均精度/% | 速度/fps | 参数量/M | 每秒峰值速度/G | 碎石平均精度/% |
|---|---|---|---|---|---|---|
| RetinanNet | 600×600 | 84.21 | 43.54 | 55.45 | 101.2 | 58.29 |
| EfficintDet-d3 | 896×896 | 88.01 | 32.75 | 11.9 | 23.15 | 76.24 |
| YOLOX-m | 640×640 | 87.75 | 59.26 | 25.28 | 36.76 | 59.70 |
| 本章模型 | 512×512 | 91.76 | 56.74 | 28.2 | 39.4 | 85.38 |

如表 8.7 所示,本章模型达到了 91.76%的 mAP,取得了最好的检测精度,检测速度、参数量和 FLOPs 分别达到了 56.74fps、28.2M 和 39.4G,有着最好的综合性能。其中 Anchor free 的代表网络,YOLOX 在面对多种任务时都有着良好的表现,取得了 87.75% mAP,Anchor base 的 EfficintDet-d3 也取得了 88.01% mAP,由于预训练时 YOLOX,EfficintDet-d3 采用 COCO 数据集对于小微目标中的行人、汽车时有着良好的检测效果,但是 YOLOX,EfficintDet-d3 在检测碎石时的 AP 为 59.70%,76.24%。由于 EfficintDet-d3 的输入分辨率为 896×896,使得其小目标预测分支的特征图尺寸为 112×112,这使得它对于露天矿区障碍物数据集有着极好的精度,由于 EfficintDet 网络使用了大量的深度可分离卷积降低参数量,这导致其参数量和 FLOPs 仅为 11.9M、23.15G,但是其输入分辨率过大,网络结构复杂导致推理速度较慢,难以满足实时性要求。传统的网络如 SSD 和 Faster-RCNN 的检测精度均不理想,但是 SSD 取得了 112.96fps 的检测速度。而 YOLO4 由于输入分辨率仅为 416×416 对于小微目标难以取得良好效果。

### 8.6.3 迁移学习模型预训练

如上文所述,本章提出的目标检测模型作为分类骨干网络的下游任务,骨干网络使用 ImageNet 数据集训练的结构,作为迁移学习的基础权重数据。为了验证迁移学习的必要性与骨干网络的选择,分别使用 RepVGG_A2、RepVGG_A2+、ResNet50 三种骨干网络在 VOC2007+2012 数据集上进行训练,使用权重随机初始化与载入预训练权重进行对比。其结果如图 8.26 所示。

如图 8.26 (a)(c) 所示,当使用 ResNet50 作为骨干网络时,在不使用经预训练的权重时,网络在 loss 收敛和每个 epoch 的 mAP 中都有着显著的差异性,在图 8.26 (c) 中不使用骨干权重时,训练了 50 个 epoch 的网络还处于欠拟合状态,模型的性能还有一定的上升空间,而使用了预训练权重的网络,在 20 个 epoch 时网络已经逐渐趋于拟合。在图 8.26 (b)(d) 中 RepVGG 作为骨干网络相较于 ResNet50 有着近似的性能表现,可见使用了海量数据作为预训练的权重,在实验中,有助于加速模型的收敛,同时提升模型的精度。同时如图 8.26 (c)(d) 所示,本章所提出的 RepVGG+,相较于 ResNet50 和原始网络,有着更加优异的性能表现。

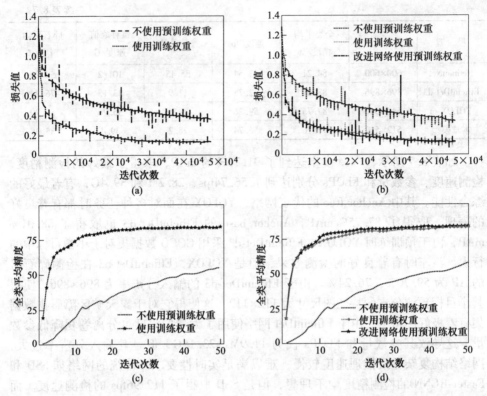

图 8.26 RepVGG_A2、RepVGG_A2+、ResNet50 骨干网络预训练结果图

(a) ResNet50 损失值变化曲线；(b) RepVGG A2 损失值变化曲线

(c) ResNet50 mAP 变化曲线；(d) RepVGG A2 mAP 变化曲线

### 8.6.4 行车障碍检测模型有效性验证

#### 8.6.4.1 RepVGG+网络性能分析

在本实验中，为验证 RepVGG+的有效性，针对露天矿区障碍检测模型的骨干网络消融实验对比，并分别在预训练的 VOC 数据集和本章数据集上进行测试，其结果如表 8.8 所示。

表 8.8 不同骨干网络对于模型性能影响

| RepVGG A2+ | VOC 全类平均精度/% | 本书模型全类平均精度/% | 参数量/M |
| --- | --- | --- | --- |
| ResNet50 | 81.56 | 84.21 | 25.6 |
| RepVGG A0 | 75.34 | — | 7.03 |
| RepVGG A2 | 80.74 | 83.07 | 23.65 |
| RepVGG B2 | 82.45 | — | 77.5 |
| RepVGG A2+ | 81.94 | 83.63 | 26.79 |

如表 8.8 所示，当按照常规的网络设计，提取骨干网络后三层作为 FPN 结构的输入时，由于 ResNet50 相较于 RepVGG_A2 的参数量更多，在 VOC 数据集和本章数据集中都比 RepVGG_A2 更加优异，但 RepVGG 由于在推理时使用了层间融合等方法，推理速度显著优于 ResNet50。RepVGG_A0 作为轻量型骨干网络参数量仅有 7.03M，但精度也较低，RepVGG_B2 由于其网络更深，能够提取到更多的特征信息，在预训练中达到了 82.45%mAP，但是其参数量巨大，检测速度较慢。本章针对 RepVGG 在目标检测任务中的缺陷，所提出的 RepVGG_A2+结构，在扩增了 Stage4 的卷积层数并引入金字塔池化结构，使模型更加适应于小类别目标检测。如表 8.8 所示，使用 RepVGG+骨干网络的模型在 VOC 数据集的精度超越了 ResNet50，达到了 81.94% 的 mAP，同时增加了少许参数量，由于 RepVGG 作为轻量型骨干网络，其特征提取能力还稍显不足，在针对碎石等小目标时，难以获取更加抽象的特征信息，去分离背景特征，导致在本章数据集中相较于 ResNet50 低了 0.58% 的 mAP。

### 8.6.4.2 注意力机制选择

为了改善模型在上采样过程中的特征信息丢失问题，在 B-FPN 中引入了 SimAM 注意力机制，如表 8.9 所示，相较于传统的通道注意力 SENet 和通道与空间注意力 CBAM，SimAM 在不增加参数量的基础上有着更好的性能。

表 8.9　不同注意力机制对模型性能影响

| 注意力机制 | VOC 全类平均精度/% | 每秒峰值速度 | 参数量 |
|---|---|---|---|
| Baseline | 82.76 | +0 | +0 |
| SENet | 82.84 | +0.206M | +1.15K |
| CBAM | 82.99 | +0.625M | +2.4K |
| SimAM | 82.97 | +0 | +0 |

如图 8.27 所示，使用 GradCAM++方法对不同注意力机制进行了特征可视化。SENet 基于通道维度对神经元进行增强，其效果并不显著，而基于通道与空间的注意力机制 CBAM 和 SimAM 都能很好地增强神经元信息，从而改善特征丢失问题。

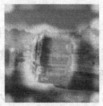
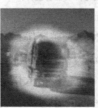
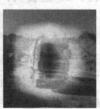

Input　　　　　　SENet　　　　　　CBAM　　　　　　SimAM

图 8.27　基于 GradCAM++的不同注意力机制特征图

### 8.6.4.3 消融实验

为验证针对小目标和多尺度目标提出的特征融合机制、分类预测模块和改进 Loss 函数的有效性，设计了消融实验，结果如表 8.10 所示，针对露天矿区道路障碍物数据不足问题进行了数据扩增，由于扩增前模型处于欠拟合状态且训练样本极不均衡，通过数据集扩增后大幅提升了模型精度。对 FPN 模块进行了重新设计，提出了基于通道和空间注意力的 SimAM 注意力和跨阶段连接卷积的双向特征融合的 B-FPN 结构，针对小微目标，在最大尺度的特征图后加入了 SSH 卷积模块，扩大感受野，进一步提升其检测性能。如表 8.10 所示，提出的特征融合模块在加入了 SimAM 注意力机制和 SSH 后检测精度均得到了提升。同时由于双向 FPN 结构已经提取到大量的特征信息，如果在模型的 Head 中还是使用连续的四次卷积+ReLU 会导致特征冗余，因此将 Head 优化为连续两次 3*3 卷积+LeakyReLU，如表 8.10 所示，使用改进的骨干网络+FPN+Head 取得了更好的精度，在 VOC 数据集和本文数据集上分别达到了 83.87%、86.15%的 mAP。

表 8.10 消融实验

| 数据增强 | FPN | SimAM | SSH | Using P2 | Head | 损失值 | VOC mAP/% | 本书 mAP 数据/% |
|---|---|---|---|---|---|---|---|---|
| — | — | — | — | — | — | — | 82.76 | 75.23 |
| √ | √ | — | — | — | — | — | 82.76 | 84.41 |
| √ | √ | — | — | — | √ | — | 82.97 | 84.98 |
| √ | √ | √ | √ | — | √ | — | 83.21 | 86.27 |
| √ | √ | √ | √ | — | √ | — | 83.87 | 86.35 |
| √ | √ | √ | √ | — | √ | √ | 84.17 | 86.49 |
| √ | √ | √ | √ | √ | √ | √ | 83.89 | 91.76 |

如图 8.28（a）所示，在 VOC 数据集的验证过程中，取置信度为 0.05 时，发现同一目标有着大量的重合框与定位不准确问题，因此在训练过程中对 Loss 进行改进。如图 8.28（b）所示，改进后的 Loss 函数很好地抑制了这一问题，同时表 8.10 也表明，在引入改进后 Loss 函数模型在两个数据集的精度达到了 84.17%和 86.09%的 mAP。

但是本章模型针对露天矿区障碍物中的碎石检测仍然是个难点，在对网络的骨干网络、FPN、Head、Loss 函数优化后，碎石的 AP 仍然只有 63%，因此提取骨干网络的 4 层输出，进一步扩大网络预测小目标分支的特征图尺寸，使网络预测最大特征图从 64×64，提升为 128×128，极大地提升了小目标的预测能力，在本章数据集中达到了 91.76%的 mAP，其中尖锐碎石的 AP 为 85.38%。如表 8.10 所示，由于小尺寸特征图主要作用与大尺寸抽象目标预测，导致了本章模型在

图 8.28 Loss 函数对模型检测效果影响

(a) 原始 Loss 函数；(b) 改进 Loss 函数

VOC 数据集上的精度为 83.89% 的 mAP，相较于三个骨干网络输出层的模型减少了 0.27%。

## 8.7 本章小结

本章通过实地采集与数据扩增建立了露天矿区障碍数据集，针对露天矿区无人矿卡行进障碍检测，提出了基于双向融合机制的露天矿区障碍检测模型，模型采用了改进的 RepVGG A2+ 进行障碍特征提取，B-FPN 对多尺度障碍特征进行双向融合，增强不同尺寸特征图的特征信息，对小微目标检测分支额外使用 SSH 结构增强感受野，提升尖锐碎石等障碍信息表达能力。同时对分类预测模块进一步调整，删除冗余信息提升模型检测精度与速度。针对类别不均衡问题使用标签正则化优化 Fcoal Loss，使用 GIoU Loss 优化边界框回归 Loss。

# 9 基于双目视觉的行车道路障碍测距

矿区复杂道路行车障碍物检测主要任务之一就是完成对红外双目道路行车障碍物的距离计算，即障碍物测距，为在矿区复杂道路行驶的无人车提供场景的深度信息。障碍物测距主要包括以下几步：双目相机的标定、双目图像的立体校正、双目图像的立体匹配以及距离计算。其中核心且具有挑战性的一步就是双目图像立体匹配，立体匹配算法多种多样，选择一个适合于本书的匹配算法尤为重要。

## 9.1 矿区复杂道路行车障碍立体图像标定

### 9.1.1 复杂道路行车障碍立体相机标定

双目相机标定是后续对障碍物进行距离测量的基石，标定的目的主要有两方面：

（1）障碍物二维图像平面上对应的点位置转换为障碍物上某一个点在真实世界里的三维空间几何信息需要相机参数，而这个参数是需要对相机进行标定计算才可以得到的，这些参数包括相机的内外参矩阵。

（2）一般摄像头都会存在畸变情况，即所拍摄的图像或视频与真实世界中的物体有所出入，图像畸变会影响后面障碍物距离测量的精准度，因此需要对采集的图片数据进行矫正，矫正的前提需要知道相机的畸变参数，而相机标定可以获取相机畸变参数。

双目摄像机标定的内参包括焦距、内参矩阵和畸变系数，内部参数主要由相机的类型与自身属性决定的，一般是固定不变的，其可通过单目标定的方法得到。标定的外参有旋转矩阵、平移矩阵。外部参数可以描述相机和世界坐标系的相对位置关系，可通过双目标定的方法得到。

目前相机标定方法主要有以下三种。

（1）传统相机标定法：需要提前手动设置其标定物的尺寸参数。通过标定物上已知的三维坐标信息和二维平面上该点间的转换，计算得出相机的参数。精度较高，但对标定物的精密程度要求较高。

（2）相机主动标定法：通过将相机在不同角度旋转和平移运动进行标定。优点在于不需要标定板，标定算法简单且具有一定的鲁棒性，稳定性高；缺点在于需要依靠高精度设备，对标定环境要求较高，外界的一些复杂环境与条件会对相机造成一定的负面影响，不适用于复杂的工业现场。

（3）相机自标定法：是一种非线性标定方法，通过对多张图像之间的对应关系分析进而获取相机参数以完成相机标定。不需要依赖任何参照物且计算速度快，但精度不高，鲁棒性较差。

综上，本章选用张氏标定法，其介于传统标定法与自标定法的一种比较简单的相机标定方法。由微软研究院的张正友教授提出，利用一个固定的标定参照物——黑白棋盘格对相机直接进行参数标定，该方法标定过程简单，标定精度高，鲁棒性好且实用性强。张氏标定法算法具体计算步骤分为以下几个部分。

（1）单应性矩阵计算。在此次相机标定中，棋盘格的一个平面到相机成像的平面的映射就被称为单应性，其可以描述图像坐标系到世界坐标系之间的转换关系。设单应性矩阵 $H$。假设三维真实世界中有一点 $M$ 其空间坐标为 $M(X, Y, Z)$，$M$ 点映射到平面图像上的坐标为 $m(u, v)$，用 $\tilde{x}$ 代表给矩阵额外添加一个向量 1。则根据单应性映射可得三维空间标定物棋盘格平面与二维图像平面的关系公式为：

$$s\tilde{m} = A[R, t]\tilde{M} \tag{9.1}$$

式中，$s$ 为尺度因子；$A$ 为相机内部参数；$R$，$t$ 为相机外部参数，$R$ 为旋转矩阵，$t$ 为平移向量。$s$ 是为了让单应性矩阵满足实际比例。

这里设相机内参 $A$ 的表达式为：

$$A = \begin{bmatrix} \alpha & \gamma & u_0 \\ 0 & \beta & v_0 \\ 0 & 0 & 1 \end{bmatrix} \tag{9.2}$$

式中，$\alpha = \dfrac{f}{dx}$；$\beta = \dfrac{f}{dy}$；$\gamma$ 为坐标偏差值；$(u_0, v_0)$ 为图像的主点坐标。

则式（9.1）可以表示为：

$$s\begin{bmatrix} u \\ v \\ 1 \end{bmatrix} = A\begin{bmatrix} r_1 & r_2 & r_3 & t \end{bmatrix}\begin{bmatrix} X \\ Y \\ 0 \\ 1 \end{bmatrix} = A\begin{bmatrix} r_1 & r_2 & t \end{bmatrix}\begin{bmatrix} X \\ Y \\ 1 \end{bmatrix} \tag{9.3}$$

式（9.3）是单应性关系，将 $H$ 表示为 $\dfrac{1}{s}A[r_1 \quad r_2 \quad t]$，将 $H$ 矩阵用 $[h_1 \quad h_2 \quad h_3]$ 表示，则有：

$$\begin{bmatrix} u \\ v \\ 1 \end{bmatrix} = H\begin{bmatrix} X \\ Y \\ 1 \end{bmatrix} = \begin{bmatrix} h_1 & h_2 & h_3 \end{bmatrix}\begin{bmatrix} X \\ Y \\ 1 \end{bmatrix} \tag{9.4}$$

$$[h_1 \quad h_2 \quad h_3] = \lambda A[r_1 \quad r_2 \quad t] \qquad (9.5)$$

（2）内参计算。

式（9.5）中：$\lambda = \dfrac{1}{s}$，$r_1$ 与 $r_2$ 为标准正交，可得：

$$\begin{cases} h_1^T A^{-T} A^{-1} h_2 = 0 \\ h_1^T A^{-T} A^{-1} h_1 = h_2^T A^{-T} A^{-1} h_2 \end{cases} \qquad (9.6)$$

令：

$$B = A^T A^{-1} = \begin{bmatrix} B_{11} & B_{12} & B_{13} \\ B_{21} & B_{22} & B_{23} \\ B_{31} & B_{32} & B_{33} \end{bmatrix}$$

$$= \begin{bmatrix} \dfrac{1}{\alpha^2} & -\dfrac{1}{\alpha^2 \beta} & \dfrac{v_0 \gamma - u_0 \beta}{\alpha^2 \beta} \\ -\dfrac{1}{\alpha^2 \beta} & -\dfrac{1}{\alpha^2 \beta} + \dfrac{1}{\beta^2} & -\dfrac{(v_0 \gamma - u_0 \beta)}{\alpha^2 \beta^2} - \dfrac{v_0}{\beta^2} \\ \dfrac{v_0 \gamma - u_0 \beta}{\alpha^2 \beta} & -\dfrac{(v_0 \gamma - u_0 \beta)}{\alpha^2 \beta^2} - \dfrac{v_0}{\beta^2} & \dfrac{(v_0 \gamma - u_0 \beta)}{\alpha^2 \beta^2} + \dfrac{v_0}{\beta^2} + 1 \end{bmatrix} \qquad (9.7)$$

由上式可知矩阵 $B$ 是对称矩阵，可将其写为向量形式：

$$b = [B_{11}, \ B_{12}, \ B_{22}, \ B_{13}, \ B_{23}, \ B_{33}]$$

将 $H$ 矩阵用列向量的形式表示为 $h_i = [h_{i1}, \ h_{i2}, \ h_{i3}]^T$，这样就可以得到：

$$h_i^T B h_j = v_{ij}^T b \qquad (9.8)$$

式中，

$$v_{ij} = [h_{i1}h_{j1} \quad h_{i1}h_{j2} + h_{i2}h_{j1} \quad h_{i2}h_{j2} \quad h_{i3}h_{j1} + h_{i1}h_{j3} \quad h_{i3}h_{j2} + h_{i2}h_{j3} \quad h_{i3}h_{j3}]$$

由式（9.6）可得：

$$\begin{bmatrix} v_{12}^T \\ (v_{11} - v_{22})^T \end{bmatrix} b = 0 \qquad (9.9)$$

$$vb = 0 \qquad (9.10)$$

只需解出矩阵 $b$ 的值，就可以求出相机内参数矩阵 $A$ 的值：

$$\begin{cases} u_0 = \dfrac{\gamma v_0}{\alpha} - B_{13}\alpha^2/\lambda \\ v_0 = (B_{12}B_{13} - B_{11}B_{23})/(B_{11}B_{22} - B_{12}^2) \\ \alpha = \sqrt{\lambda/B_{11}} \\ \beta = \sqrt{\lambda B_{11}/(B_{11}B_{12} - B_{12}^2)} \\ \lambda = B_{11} - \left[B_{13}^2 + v_0(B_{12}B_{13} - B_{11}B_{23})\right]/B_{11} \end{cases} \qquad (9.11)$$

（3）外参计算。通过式（9.11）可以将相机外部参数的值解出：

$$\begin{cases} r_1 = \lambda A^{-1}h_1 \\ r_2 = \lambda A^{-1}h_2 \\ r_3 = r_1 \times r_2 \\ t = \lambda A^{-1}h_3 \end{cases} \qquad (9.12)$$

式中，$\lambda = \dfrac{1}{\|A^{-1}h_1\|} = \dfrac{1}{\|A^{-1}h_2\|}$。

（4）畸变系数计算。张正友标定法只考虑了相机径向畸变 $k_1$、$k_2$ 前两项，由非线性模型知：

$$x_n' = x_n\left[1 + k_1 r^2 + k_2 r^4\right] \qquad (9.13)$$

$$y_n' = y_n\left[1 + k_1 r^2 + k_2 r^4\right] \qquad (9.14)$$

加入畸变参数得：

$$u' = u + (u - u_0)\left[k_1 r^2 + k_2 r^4\right] \qquad (9.15)$$

$$v' = v + (v - v_0)\left[k_1 r^2 + k_2 r^4\right] \qquad (9.16)$$

由式（9.15）和式（9.16）可得：

$$\begin{bmatrix} (u - u_0)r^2 & (u - u_0)r^4 \\ (v - v_0)r^2 & (v - v_0)r^4 \end{bmatrix} \begin{bmatrix} k_1 \\ k_2 \end{bmatrix} = \begin{bmatrix} u' - u \\ v' - v \end{bmatrix} \qquad (9.17)$$

若将式（9.17）写成 $Dk = d$ 的形式，则畸变系数 $k$ 为：

$$k = (D^{\mathrm{T}}D)^{-1}D^{\mathrm{T}}d \qquad (9.18)$$

由上式可得 $k_1$、$k_2$ 的值，之后通过对棋盘格拍摄多组图像，使用极大似然法对上述所求得的参数进行优化处理，得到可用的标定参数。

## 9.1.2　基于 MATLAB 标定工具箱的双目相机标定实验

本实验使用的是 Windows10 系统的 MATLAB R2017a 版本中的 Stereo Camera Calibrator 双目相机标定工具箱进行标定。详细操作步骤如下：

（1）棋盘格的制作。选取 9×7 的黑白格组成的棋盘格作为标定参照图，每一方格的边长为 28mm，如图 9.1 所示。用 A4 纸将棋盘格标定参照图打印出来，并将其贴于平滑背板上制作成标定物。

（2）棋盘格图像采集。将双目相机固定，且左右摄像头在同一水平线上。通过手持标定板将其放入图像中的不同部分，共采集双目图像 44 组，左右相机采集的图像需要分别存放在不同的文件夹中。

图 9.1　棋盘格

图 9.2 和图 9.3 分别为左相机和右相机采集的图像数据。

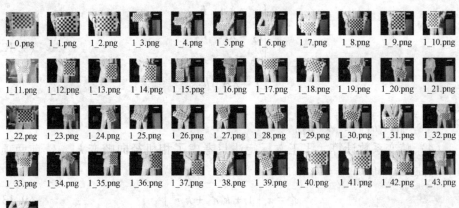

图 9.2　左相机采集图像

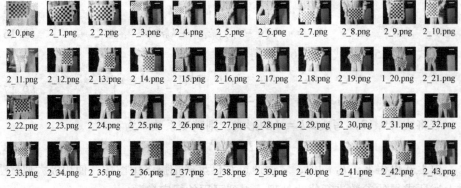

图 9.3　右相机采集图像

（3）角点提取。这一步是为了提取每一幅棋盘格图像上的特征点，其特征点就是黑白棋盘格的交界点，如图 9.4 所示。

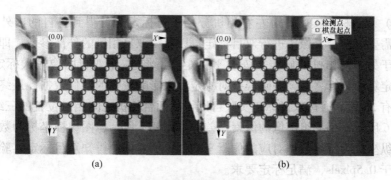

图 9.4　角点提取图像

（a）左相机提取图；（b）右相机提取图

（4）单目标定实验。由图 9.4 可知，以棋盘格图像上左上角的第一个黑色格子与白色格子之间的角点为世界坐标系中的坐标原点，$X$ 轴与 $Y$ 轴如图所示，$Z$ 轴是垂直与图像平面指向屏幕外，从而建立起世界坐标系。已知每一个黑白格的大小尺寸，便可以获取特征点在图像坐标系中的图像坐标，由此计算出单相机内外部参数以及畸变系数，根据这些参数可以获得左右相机与棋盘格标定板之间的相对位置示意图，如图 9.5 所示。

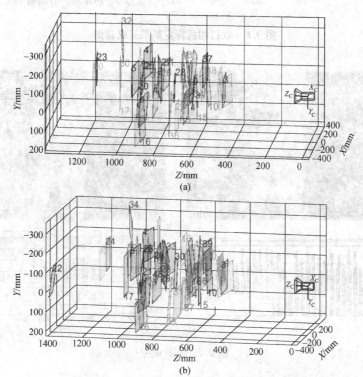

图 9.5　左相机（a）和右相机（b）与棋盘格相对位置示意图

（5）双目标定实验。对左右相机分别进行标定之后得到各自的内外参数之后，就需要对两个摄像头进行双目标定，以获得双目相机的外部参数，即一台相机相对于另一台相机的旋转矩阵和平移矩阵。将 44 组双目图像输入标定箱中，通过标定算法计算之后，去除误差对标定结果影响较大的图像数据，最终可用的数据共有 25 组。通过双目标定实验可以得到两台相机之间相对位置的三维视图，如图 9.6 所示；每一组图像的像素误差，如图 9.7 所示，图中横坐标为数据组的序号，纵坐标为每组数据对应的像素平均误差值。由图可知双目标定实验的平均误差小于 0.5pixels，满足标定要求。

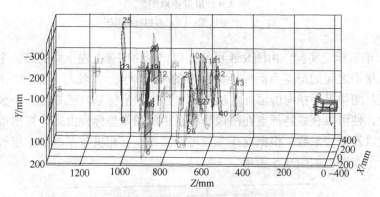

图 9.6　双目相机标定结果三维视图

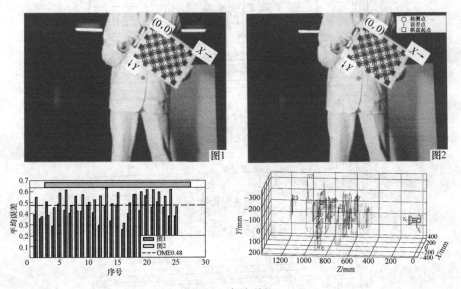

图 9.7　实验误差

经过上述实验步骤，Stereo Camera Calibrator 标定工具箱已经自动计算出我们所需的双目相机的内参矩阵、畸变系数矩阵、外参矩阵，标定结果见表9.1。

**表 9.1　双目相机 MATLAB 标定结果**

| 参　数 | 左　相　机 | 右　相　机 |
|---|---|---|
| 内参矩阵 $A$ | $\begin{bmatrix} 1366.3 & 0 & 0 \\ 0.4610 & 1366.3 & 0 \\ 676.2559 & 634.3624 & 1 \end{bmatrix}$ | $\begin{bmatrix} 1366.2 & 0 & 0 \\ 0.4860 & 1365.8 & 0 \\ 692.4915 & 635.1263 & 1 \end{bmatrix}$ |
| 畸变矩阵 | $\begin{bmatrix} 0.1722 & -0.1418 & 0.0015 & -0.0039 & 0 \end{bmatrix}$ | $\begin{bmatrix} 0.1680 & -0.1257 & 0.0010 & -0.0035 & 0 \end{bmatrix}$ |
| 外参矩阵 $R$ | $\begin{bmatrix} 0.9999 & -0.0137 & -0.0011 \\ 0.0137 & 0.9999 & -0.0042 \\ 0.0011 & 0.0041 & 1.0000 \end{bmatrix}$ | |
| 外参矩阵 $t$ | $\begin{bmatrix} -61.8509 & 0.7292 & 0.7011 \end{bmatrix}$ | |

## 9.2　障碍物图像立体校正

双目立体视觉在测算距离时，根据视差和世界坐标与图像坐标距离之间关系估算图像像素点的世界坐标信息，从而获得图像上障碍物距离双目相机的距离。而估计距离的精确度依赖于视差的精准度，视差的计算是对左右相机拍摄出的图像同一个像素点的匹配，匹配得越精确，其视差就越精准。以上是双目相机的成像在同一个平面的理想状态，但是实际情况下双目相机在组装过程中难免会出现组装误差，两个相机不会完全水平，因此会存在垂直方向上的视差。若立体匹配时不仅要对 $X$ 轴方向进行匹配还要对 $Y$ 轴方向进行匹配，这样立体匹配算法就变成复杂且耗时的二维问题了，所以为了使后续的视差计算更加精确，就不得不先对双目相机图像进行立体校正。

### 9.2.1　双目相机立体校正原理

立体校正目的就是将左右双目图像调整为严格行对准的图像，即将双目相机拍摄的未共面平行的双目图像校正到同一平面。本章立体校正实验采用标定立体校正方法中经典的 Bouguet 极线校正算法对双目相机进行立体校正。双目相机拍摄时形成两个成像平面，立体匹配算法是以一幅图为母图，另一幅图为子图，选取母图上的某一个像素点，在子图上匹配相对应的像素点。而如果在匹配之前不对双目图像做任何处理，那么在子图上搜寻与母图相对应的像素点就将会是一个二维搜索问题，搜索上的时间复杂度太高。根据几何成像原理可知，母图上的某一个像素点一定可以在子图中相对应的极线上找到其匹配点。因此在子图上搜索相对应母图像素点的匹配点时仅需要在极线上搜寻即可，立体匹配算法就由复杂的二维搜索转变为一维搜索，极大提高了立体匹配效率，同时也减少了匹配误差率。

极线校正就是利用极线约束条件将左右图像的极线对齐，投影矩阵由图 9.8（a）的相对位置通过一定的几何变换形成一个新的投影矩阵如图 9.8（b）来对齐极线。前文中对双目相机标定得到双目相机各自的投影矩阵，将左右相机分别围绕着各自的光心 $P_1$、$P_r$ 旋转直至两个成像平面在同一平面上。极线约束之后，只需要从相同行中搜索另一张图像上的所有像素点即可，极大提高了匹配效率。

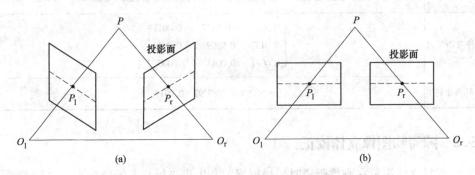

图 9.8　立体校正示意图

（a）极线校正前示意图；（b）极线校正后示意图

### 9.2.2　双目相机立体校正实验

使用前文所说的 Bouguet 立体校正算法对双目相机进行立体校正，立体校正之前需要将前文相机标定之后所获得的双目相机的旋转矩阵 $R$ 和平移向量 $t$ 外部参数以及相机内参矩阵 $A$ 等数据导入到 Bouguet 算法中，本章使用 Visual Studio 2019 平台结合 OpenCV3.4.1 第三方视觉库进行立体校正实验。立体校正前的图像如图 9.9 所示，经过校正后的图像如图 9.10 所示。

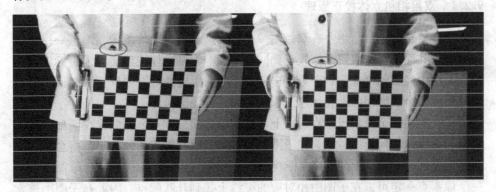

图 9.9　立体校正前的图像匹配点未行对准

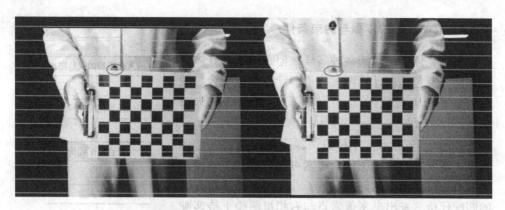

图 9.10 立体校正后的图像匹配点行对准

为了更加明了对校正实验效果进行分析，本实验对图像加上了水平参考线，通过观察图 9.10 可以看出，校正之后左右两幅图像上同一像素点很好地实现了行对准，为后续立体匹配算法对左右双目图像像素点快速精确匹配，生成视差数据奠定了基础。

## 9.3 立体匹配算法研究

立体匹配是立体视觉测距中最核心且最具有挑战性的一个环节[113]。立体匹配的目的就是为了寻找左右两幅图像之中相同像素点之间的位置对应关系，实现相同像素点对匹配，之后计算出两幅图像的视差值进而求取图像的深度信息。立体匹配算法效果好坏直接影响视差图，从而影响双目立体视觉对障碍物距离测量的精准度和实时性。因此选择一个合适于本文应用要求的立体匹配算法尤为重要。通常立体匹配算法分为三大类：全局匹配、局部匹配算法、半全局匹配。全局匹配[114]算法从整幅图像入手，处理图像的全局信息[115]，通过全局能量函数找到全局最优的匹配点，具有较高的匹配精度，但是此算法需要进行重复迭代，算法复杂且计算时间较长，不能满足实际应用中对实时性要求较高的场合。局部匹配[116]算法与全局匹配算法的不同在于全局匹配是在整幅图像上搜索最优匹配点，而局部匹配是在图像上某一个区域或者某一个像素点进行匹配，求出的是局部最优解，其算法原理简单，匹配速度快，但匹配精度不高。半全局匹配算法是动态规划法的改进优化版，在保持动态规划法的优点同时提高了图像处理的精准度。其将一维信息上的每一对点对实现较为准确的匹配，之后将这些点的匹配代价相加求和进行二维图像的信息处理。半全局匹配在精度上比局部匹配算法有所提高，计算效率高，具有较强的鲁棒性。

综上考虑到矿区复杂道路障碍物检测算法的实际应用场景与工业要求，本章立体匹配算法选择半全局匹配算法。

### 9.3.1   立体匹配的步骤与约束条件

尽管立体匹配算法多种多样，但总结下来立体匹配算法主要包括：计算匹配代价、计算匹配聚合、视差计算和视差优化[117]。立体匹配流程图如图 9.11 所示。

如图 9.12 所示，左相机图像上的黑块为参考像素点，需要在右相机图像上搜索可能与其对应的像素点如右相机图像上的黑块区域。首先需要计算出合适的匹配代价，求出参考像素点与右相机图像上待匹配像素点的相似程度，接下来对匹配代价进行聚合，最终得出最优的匹配代价，即最优匹配点，然后通过计算匹配成功的像素点之间 $X$ 轴坐标之差得出视差。

（1）计算匹配代价。为了计算匹配代价这里就需要构造一个基于视差的图像匹配基元之间匹配代价

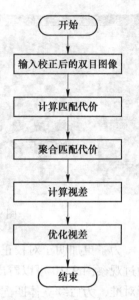

图 9.11   立体匹配流程图

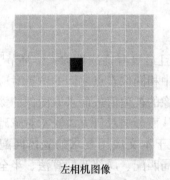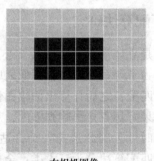

左相机图像                         右相机图像

图 9.12   立体匹配示意图

函数，匹配代价函数可选取图像的灰度值，图像特征等[118]。在立体匹配算法中，在同一种匹配策略使用不同的匹配代价函数进行计算所得到的结果会存在差异，针对双目图像的特点选择合适的匹配代价函数可以一定程度上减少图像上的一些无关信息的干扰。

（2）聚合匹配代价。聚合匹配代价就是将匹配窗口内每一个孤立的像素点的匹配代价相加求和的结果，使每部分相似像素点聚合在一起，进而实现对图像区域的划分。一般而言这个窗口都是以待匹配点为中心构建一个矩形区域，匹配代价的聚合是局部匹配至关重要的一步。

（3）计算视差。局部匹配与全局匹配算法对视差的计算有着不同的策略，局部匹配采用 WTA（winner-take-all）胜者为王算法求取最终的视差值[119]，在设

定的视差范围内计算不同视差的匹配代价，最终选取每个像素点的最小代价来找到匹配点。而全局立体匹配算法，会构建一个全局能量函数，使用动态规划算法求解能量函数最小化问题，从而获得全局最优值。

（4）优化视差。这一步常用的方法为左右一致性检测，根据视差唯一性约束和一系列的滤波处理对一些误匹配点进行剔除，目的是为了提高图像视差图的准确度。

立体匹配实际上就是通过已知的二维平面图像信息来反推出图像原本在世界坐标中的三维信息，在这个过程中为了使结果更加准确以及求取最优能量函数，一般立体匹配算法都会有一些约束条件和假设前提，这样也会大幅提升匹配算法在搜索特征像素点和匹配对应点时的效率。

（1）基于图像的几何约束。

1）唯一性约束：在真实世界的三维空间中随便指定一个点其空间坐标都具有唯一性，同理，那么其对应到二维的平面图像上也会有一个像素点是它的对应点。所以对于无遮挡的双目相机中图像上的同一个特征点也只能有且只能有唯一的匹配点。

2）顺序一致性约束：在三维空间中处于和双目相机平面相平行的同一平面的物体，其映射在左相机二维图像上的特征点在极线上一一排列，那么其映射在右相机二维图像上的特征点也应该一一排列在与左相机同一位置的极线上。即左右两幅图像上对于同一特征点的排列顺序是相同的。

3）极线约束：正如前文立体校正原理所阐述的，此约束条件是为了使图像上的特征点都实现"行对准"的效果，这样可以大大降低匹配算法的搜寻时间与复杂度。

（2）基于场景的光度测定约束。

1）连续性约束：在真实世界中的连续区域，其投射到二维的左右两幅平面图像上也应该是由连续的像素点组成，除物体的边缘区域和被遮挡的情况外。

2）范围约束：三维空间中物体的距离与视差值为负相关，物体与双目相机的距离越大，其物体所生成的视差就越小，反之同理。因此设置范围约束，可以缩小匹配范围，提升匹配效率。

3）相似性约束：若用双目相机在同一空间同一时刻所拍摄的双目图像，两幅图像的对应点应该具有相同或者相似的特征属性和分布情况。

## 9.3.2 SGBM 半全局立体匹配算法

SGBM 是介于全局匹配算法与局部匹配算法之间的一种半全局匹配算法，其相比较全局匹配，算法效率有所提升，生成的视差图效果与全局匹配的视差图效果不相上下。与局部匹配相比，其视差图的效果图比局部算法的效果图更加准确。其匹配速度和所获视差图的质量都位于全局匹配与局部匹配算法中间，在满足匹配精度的同时，也能保证匹配效率。

SGBM 算法的匹配步骤为：给图像上的每一个像素点初始化一个视差值生成一个最初视差图，然后建立一个能量函数，通过求解能量函数的最小值，进而计算出每个匹配点的最佳视差值。其能量函数表达式如式（9.19）所示。

$$E(D) = \sum \Big\{ C(p, D_p) + \sum_{q \in N_p} p_1 I\big[ |D_p - D_q| = 1 \big] +$$

$$\sum_{q \in N_p} p_2 I\big[ |D_p - D_q| > 1 \big] \Big\} \tag{9.19}$$

式中，$E(D)$ 为视差图 $D$ 的能量函数；$C(p, D_p)$ 代表像素点 $p$ 的视差值为 $D_p$ 时，该像素点的代价值；$p$、$q$ 为图像上的像素点；$N_p$ 为像素点 $p$ 的相邻像素点集；$p_1$、$p_2$ 为惩罚系数且 $p_2 > p_1$；$I[\ ]$ 是一个判断函数，若括号里参数为真，则返回 1，反之返回 0。使用能量函数在二维平面上求取最优解算法复杂度高且非常耗时，因此这一过程通常使用动态规划来计算。针对图像上的每一个像素点 $p$，以像素点 $p$ 为中心点，其 360° 的外圈以 45° 为间隔分为 8 个路径，在这 8 个路径上计算代价叠加，如图 9.13 所示，使用动态规划的办法对 8 个路径方向的能量值进行计算，如式（9.20）所示。

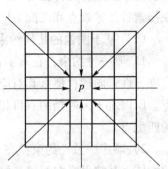

图 9.13 八方向路径代价聚合示意图

$$L_r(p, d) = C(p, d) + \left\{ \begin{array}{l} \min L_r(p - r, d), \\ L_r(p - r, d - 1) + p_1, \\ L_r(p - r, d + 1) + p_1, \\ \min_i L_r(p - r, i) + p_2 - \min_k L_r(p - r, k) \end{array} \right\}$$

$$\tag{9.20}$$

式中，$C(p, d)$ 为 $p$ 点本身的空间代价，$\min L_r(p-r, d)$，$L_r(p-r, d-1) + p_1$，$L_r(p-r, d+1) + p_1$，$\min_i L_r(p-r, i) + p_2$ 为 $p$ 点在路径 $r$ 中的相邻像素点的最优代价，$\min_k L_r(p - r, k)$ 是为了避免值溢出，无实际代表意义。

像素点 $p$ 在 8 个方向上的总路径代价聚合为式（9.21）。选取所有路径叠加代价最小值为像素点 $p$ 的最终视差值，这样对图像中的每一个像素点计算之后，就得到了双目图像最终的视差值以及视差图。

$$S(p, d) = \sum_r L_r(p, d) \tag{9.21}$$

## 9.4  立体匹配视差测距

本章对立体匹配算法进行介绍和分析研究，针对矿区复杂道路无人车前障碍物检测对障碍物检测精度和实时性的要求，最终选用 SGBM 半全局立体匹配算法对红外双目矿区复杂道路图像进行立体匹配，并生成视差图。在立体匹配视差测距的实验中，使用 OpenCV 中所带的 SGBM 半全局匹配算法载入前文立体校正之后的红外双目图像如图 9.14 所示，对其进行视差计算，生成矿区复杂道路障碍物视差图，如图 9.15 所示。

(a)                                                              (b)

图 9.14  红外双目图像

(a) 左相机图像；(b) 右相机图像

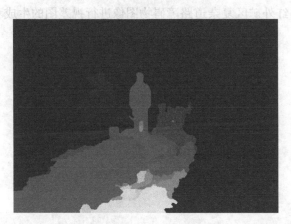

图 9.15  视差图

位置信息是在生成的视差图上使用鼠标点击任意一个像素点，终端就会显示出此像素点在二维图像上的图像坐标、三维世界坐标系的世界坐标以及距离信息，如图 9.16 所示。

```
世界坐标xyz 是： 4.13181640625 1.360839111328125 13.044984375 m
距离是： 13.751196575057428 m

像素坐标 x = 525, y = 281
世界坐标xyz 是： 2.081185302734375 0.0552203826904296984 4.98200439453125 m
距离是： 5.399513806085761 m

像素坐标 x = 416, y = 293
世界坐标xyz 是： 6.18944140625 1.0332601318359376 30.042994140625 m
距离是： 30.691339305332892 m

像素坐标 x = 368, y = 349
世界坐标xyz 是： 1.69419189453125 2.15058056640625 15.0214970703125 m
距离是： 15.268944206509717 m

像素坐标 x = 523, y = 92
世界坐标xyz 是： 2.1709228515625 -1.8675852050078125 5.2456025390625 m
距离是： 5.976380721095494 m
```

图 9.16 匹配点的位置信息

## 9.5 本章小结

本章首先对双目相机标定的目的、方法及原理做了介绍，并使用棋盘格标定法对双目相机进行了标定；然后介绍了立体校正的原理，并对双目图像采用 Bouguet 立体校正算法进行了立体校正；最后介绍了 SGBM 半全局立体匹配算法，通过实验对双目红外矿区复杂道路障碍物图像进行视差图的生成和距离的计算。

# 10 跨模态融合的矿区无人车道路障碍测量

通过基于机器视觉的目标检测方法可以获得障碍物在图像坐标系的二维坐标位置和类别，然而提供精确的露天矿区无人车障碍物检测，还需要得到障碍物的距离信息，因此本章采取在图像信息中融合激光雷达的深度信息方案去获得距离信息。首先，对数据融合的传感器与实验平台进行介绍，然后阐述了跨模态数据融合的总体设计，最后对本章采用的雷达与图像数据融合方法及其改进进行描述。

## 10.1 跨模态数据融合架构设计

### 10.1.1 时间融合

为了实现露天矿区障碍物的精准检测，本章采用的雷达数据为每秒采样20Hz的激光雷达，图像数据为采样频率60Hz。两者的数据采样频率存在较大的差距，因此需要通过时间同步的方法将雷达帧与图像帧尽量匹配在相近的时间段内。在数据的时间同步中，若采用如图10.1所示的逐帧匹配法，由于帧率差异过大，数据会随着时间累计误差逐渐增大。由于图像数据采样率为雷达数据的3倍，因此通过固定间隔的匹配方式，使得雷达数据与相机数据每帧都同步到统一

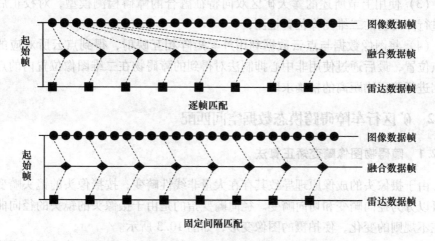

图 10.1 雷达与图像数据的时间融合方法

时间戳，这样每 3 帧数据就有一帧数据在时间上完美匹配，同时在露天矿区封闭低速环境下 20Hz 采样率可以保证障碍物的实时检测需求。

### 10.1.2　空间融合

在雷达的 3D 点云与相机的 2D 图像进行空间匹配时，不同传感器之间有着不同的坐标系设定，因此需要得到不同坐标系之间的变换方法。图像与点云数据的跨模态融合的障碍物测距流程如图 10.2 所示。

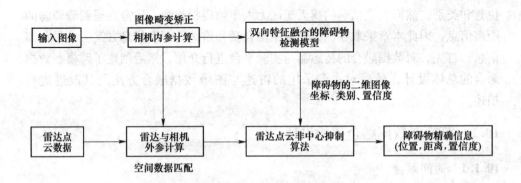

图 10.2　数据融合流程图

如图 10.2 所示，障碍物的测定流程为：

（1）通过计算相机内参对图像数据通过畸变矫正；

（2）点云数据与校正后的图像数据采用特征点匹配法标定外参，进行数据融合；

（3）使用上节所述的露天矿区双向特征融合的障碍检测模型，对校正后图像进行障碍物的二维图像位置检测；

（4）将图像数据与点云数据利用外参矩阵相互映射，得到点云所对应的像素点位置，最后通过使用非中心抑制法对得到的障碍物在二维图像位置内的点云数据进行障碍物距离的精确求取。

## 10.2　矿区行车障碍跨模态数据空间匹配

### 10.2.1　障碍物图像畸变矫正算法

由于摄像头的成像原理导致其存在大量非线性畸变，按摄像头的镜头畸变方向可以分为径向畸变和切向畸变。径向畸变指的是由于摄像头的镜头的径向曲率存在不规则的变化，使拍摄的图像变形，如图 10.3 所示。

切向畸变产生的原因是相机传感器和镜头装配不平行，使得传感器与成像焦

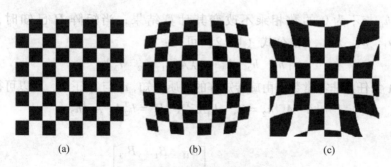

图 10.3 径向畸变

（a）无畸变；（b）桶形畸变；（c）枕形畸变

点平面不平行，从而导致光线传递到传感器时，成像位置有了偏移。

因此将径向畸变和切向畸变同时作为相机畸变参数，可以得式（10.1）。

$$
\begin{cases}
x_{\text{distorted}} = x(1 + k_1 r^2 + k_2 r^4 + k_3 r^6) + [2p_1 xy + p_2(r^2 + 2x^2)] \\
y_{\text{distorted}} = y(1 + k_1 r^2 + k_2 r^4 + k_3 r^6) + [2p_2 xy + p_1(r^2 + 2y^2)]
\end{cases}
\tag{10.1}
$$

式中，$(x, y)$ 为归一化的图像坐标，$(x_{\text{distorted}}, y_{\text{distorted}})$ 为径向畸变与切向畸变后的像素点位置；$r^2 = x^2 + y^2$；$k_1$、$k_2$、$k_3$ 为径向畸变系数；$p_1$、$p_2$ 为切向畸变系数。对畸变系数和相机内参的求解可通过利用标定方法对其进行求解，张正友标定法的原理是利用平面固定尺寸棋盘格，通过拍摄多幅不同角度距离的照片，利用求解非线性方程组的思路来实现相机的标定和求解过程。其标定法的数学描述如下：

设像素坐标系的像素点 $m$ 其坐标表示为 $\boldsymbol{m} = [u, v]^{\mathrm{T}}$，其对应在世界坐标系的空间位置 $M$ 其坐标可表示为 $\boldsymbol{M} = [X, Y, Z]^{\mathrm{T}}$，将其通过齐次坐标将两坐标向量进行变换，得到 $\tilde{\boldsymbol{m}} = [u, v, 1]^{\mathrm{T}}$、$\tilde{\boldsymbol{M}} = [X, Y, Z, 1]^{\mathrm{T}}$。依据成像原理可得 $M$ 与 $m$ 的关系如式（10.2）所示。

$$
s\tilde{\boldsymbol{m}} = \boldsymbol{H}\tilde{\boldsymbol{M}}
\tag{10.2}
$$

式中 $\boldsymbol{H} = \boldsymbol{A}[r_1 \quad r_2 \quad t]$，其中包含内参 $\boldsymbol{A}$ 和外参 $[r_1 \quad r_2 \quad t]$，故 $\boldsymbol{H}$ 为：

$$
\boldsymbol{H} = \begin{bmatrix}
h_{11} & h_{12} & h_{13} \\
h_{21} & h_{22} & h_{23} \\
h_{31} & h_{32} & h_{33}
\end{bmatrix}
\tag{10.3}
$$

将式（10.2）展开，整理化简后得式（10.4）。

$$
u = \frac{h_{11}X + h_{12}Y + h_{13}}{h_{31}X + h_{32}Y + h_{33}}, \quad v = \frac{h_{21}X + h_{22}Y + h_{23}}{h_{31}X + h_{32}Y + h_{33}}
\tag{10.4}
$$

当 $h_{ij}$ 与不为 0 的数相乘不改变其计算结果，当矩阵 $H$ 已知时，定义 $H = \begin{bmatrix} h_1 & h_2 & h_3 \end{bmatrix}$，由公式（10.2）可得：

$$\begin{bmatrix} h_1 & h_2 & h_3 \end{bmatrix} = \lambda A \begin{bmatrix} r_1 & r_2 & r_3 \end{bmatrix} \tag{10.5}$$

式中，$\lambda$ 为任意非零常数。由旋转矩阵的性质可知，$r_1$ 与 $r_2$ 正交，所以可得：

$$h_1^T A^{-T} A^{-1} h_2 = 0, \quad h_1^T A^{-T} A^{-1} h_1 = h_2^T A^{-T} A^{-1} h_2 \tag{10.6}$$

令：

$$B = A^{-T} A^{-1} = \begin{bmatrix} B_{11} & B_{12} & B_{13} \\ B_{21} & B_{22} & B_{23} \\ B_{31} & B_{32} & B_{33} \end{bmatrix} \tag{10.7}$$

由于旋转矩阵 $B$ 是一个对称矩阵，可以设向量

$$b = \begin{bmatrix} B_{11}, B_{12}, B_{22}, B_{13}, B_{23}, B_{33} \end{bmatrix}^T \tag{10.8}$$

令单应矩阵 $H$ 的第 $i$ 列为 $h_i = \begin{bmatrix} h_{i1}, & h_{i2}, & h_{i3} \end{bmatrix}^T$，则：

$$h_i^T B h_j = v_{ij}^T b \tag{10.9}$$

式中，$v_{ij} = [h_{i1}h_{j1}, \ h_{i1}h_{j2} + h_{i2}h_{j1}, \ h_{i2}h_{j2}, \ h_{i3}h_{j1} + h_{i1}h_{j3}, \ h_{i3}h_{j2} + h_{i2}h_{j3}, \ h_{i3}h_{j3}]^T$。

联立式（10.7），可以写成矩阵的表达形式：

$$\begin{bmatrix} v_{12}^T \\ (v_{11} - v_{12})^T \end{bmatrix} b = 0 \tag{10.10}$$

记作：

$$Vb = 0 \tag{10.11}$$

通过对不同位置下的棋盘格标定板图像进行采集，可以对参数 $b$ 进行估计，并对旋转矩阵 $B$ 求解，更进一步地对 $H$ 完成求解，最后使用 Cholesky 分解对单应矩阵 $H$ 进行分解计算，得到相机内参。

通过 MATLAB 中标定工具箱，相机进行标定，使用试验摄像头从不同角度拍摄棋盘格图像 14 幅，并对棋盘格中的角点进行识别。

如图 10.4 和图 10.5 所示，通过对每一幅图像进行角点的标注，获得图像坐标系中棋盘格角点位置信息，通过对不同位置的多幅图像进行角点提取可以得到摄像头在不同照片下的位姿。如图 10.6（a）（b）所示，通过张正友标定法对其进行求解，得到如图 10.6（c）所示的每幅图像的误差统计。

通过以上方法对摄像头进行标定，可以得到相机内参外参如下所示。

内参矩阵：$\begin{bmatrix} 829.477086 & 0.000000 & 667.299383 \\ 0.000000 & 830.626108 & 354.416746 \\ 0.000000 & 0.000000 & 1.00000 \end{bmatrix}$

径向畸变：$\begin{bmatrix} 0.0548 & -0.1114 \end{bmatrix}$

切向畸变：$\begin{bmatrix} 0, & 0 \end{bmatrix}$

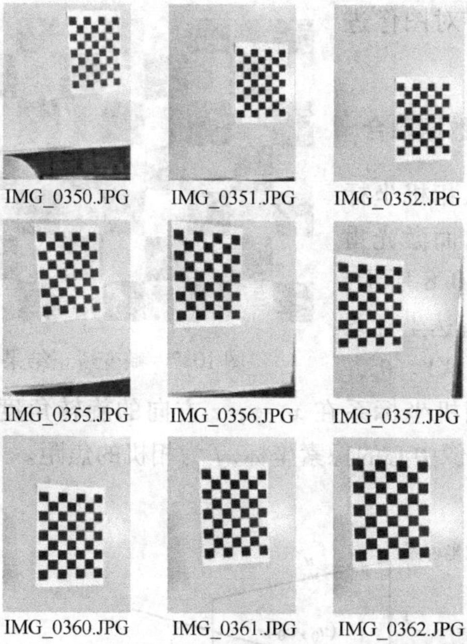

IMG_0350.JPG
IMG_0351.JPG
IMG_0352.JPG
IMG_0353.JPG
IMG_0354.JPG
IMG_0355.JPG
IMG_0356.JPG
IMG_0357.JPG
IMG_0358.JPG
IMG_0359.JPG
IMG_0360.JPG
IMG_0361.JPG
IMG_0362.JPG

图 10.4 标定棋盘格照片数据

(0,0)
X→
↓Y
+ Reprojected points
□ Checkerboard origin
○ Detected points

图 10.5 角点采集

通过拖动可选择异常值
总体平均误差：0.84像素
(a)
(b)
(c)

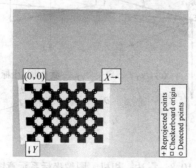

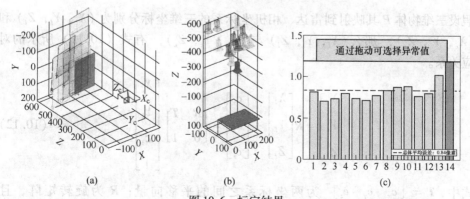

图 10.6 标定结果

（a）相机视角；（b）图像视角；（c）误差

通过载入标定后的相机参数，对图像进行校正，其结果如图 10.7 所示。

### 10.2.2 基于特征点匹配的跨模态数据融合

获得相机的内参以后，得到从相机坐标系到图像坐标系之间的转换关系，而激光雷达到图像坐标系的映射关系如图 10.8 所示，相机坐标系为 $O_c - X_cY_cZ_c$、激光雷达坐标系为 $O_l - X_lY_lZ_l$、图像坐标系为 $O - XY$。$\theta_x$，

图 10.7　畸变矫正结果

$\theta_y$，$\theta_z$ 为激光雷达坐标系相对于相机坐标系在 $x$，$y$，$z$ 方向的旋转角度，$(c_x$，$c_y$，$c_z)$ 为平移向量，$(u_0$，$v_0)$ 为图像中心的像素坐标，$f$ 为相机的焦距。

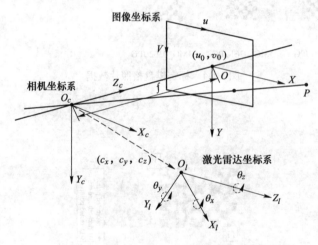

图 10.8　雷达、相机、图像坐标系示意图

假设三维物体 $P$ 其映射到雷达、相机坐标系的三维坐标分别为 $(X_l$，$Y_l$，$Z_l)$ 和 $(X_c$，$Y_c$，$Z_c)$，那么 $(X_l$，$Y_l$，$Z_l)$ 与 $(X_c$，$Y_c$，$Z_c)$，有式（10.12）所示的对应关系。

$$
\begin{bmatrix} X_c \\ Y_c \\ Z_c \end{bmatrix} = \boldsymbol{R} \begin{bmatrix} X_l \\ Y_l \\ Z_l \end{bmatrix} + \begin{bmatrix} c_x \\ c_y \\ c_z \end{bmatrix} = \begin{bmatrix} \boldsymbol{R} & \boldsymbol{T} \\ 0 & 1 \end{bmatrix} \begin{bmatrix} X_l \\ Y_l \\ Z_l \\ 1 \end{bmatrix} \tag{10.12}
$$

式中，$\boldsymbol{T} = \begin{bmatrix} c_x & c_y & c_z \end{bmatrix}^{\mathrm{T}}$ 为两坐标系之间的平移向量；$\boldsymbol{R}$ 为旋转矩阵，且 $\boldsymbol{R} = \boldsymbol{R}_x\boldsymbol{R}_y\boldsymbol{R}_z$，

$$R_x = \begin{bmatrix} 1 & 0 & 0 \\ 0 & \cos(-\theta_x) & \sin(-\theta_x) \\ 0 & -\sin(-\theta_x) & \cos(-\theta_x) \end{bmatrix} \quad R_y = \begin{bmatrix} \cos(-\theta_y) & 0 & -\sin(-\theta_y) \\ 0 & 1 & 0 \\ \sin(-\theta_y) & 0 & \cos(-\theta_y) \end{bmatrix}$$

$$R_z = \begin{bmatrix} \cos(-\theta_z) & \sin(-\theta_z) & 0 \\ -\sin(-\theta_z) & \cos(-\theta_z) & 0 \\ 0 & 0 & 1 \end{bmatrix} \tag{10.13}$$

假设物体 $P$ 在图像坐标系的坐标为 $(u, v)$，则从雷达坐标系的点 $(X_l, Y_l, Z_l)$ 到 $(u, v)$ 的转换关系为

$$Z_c \begin{bmatrix} u \\ v \\ 1 \end{bmatrix} = \begin{bmatrix} \dfrac{1}{dx} & 0 & u_0 \\ 0 & \dfrac{1}{dy} & v_0 \\ 0 & 0 & 1 \end{bmatrix} \begin{bmatrix} f & 0 & 0 & 0 \\ 0 & f & 0 & 0 \\ 0 & 0 & 1 & 0 \end{bmatrix} \begin{bmatrix} X_c \\ Y_c \\ Z_c \\ 1 \end{bmatrix} = \begin{bmatrix} f_x & 0 & u_0 & 0 \\ 0 & f_y & v_0 & 0 \\ 0 & 0 & 1 & 0 \end{bmatrix} \begin{bmatrix} X_c \\ Y_c \\ Z_c \\ 1 \end{bmatrix} = A \begin{bmatrix} X_c \\ Y_c \\ Z_c \\ 1 \end{bmatrix}$$

$$\tag{10.14}$$

式中，$dx$ 和 $dy$ 为像素物理大小；参数 $A$ 为相机的内参。

将式（10.12）代入式（10.14）可得：

$$Z_c \begin{bmatrix} u \\ v \\ 1 \end{bmatrix} = A \begin{bmatrix} R & T \\ 0 & 1 \end{bmatrix} \begin{bmatrix} X_l \\ Y_l \\ Z_l \\ 1 \end{bmatrix} = M \begin{bmatrix} X_l \\ Y_l \\ Z_l \\ 1 \end{bmatrix} \tag{10.15}$$

令 $M = A \begin{bmatrix} R & T \\ 0 & 1 \end{bmatrix} = \begin{bmatrix} n_{11} & n_{12} & n_{13} & n_{14} \\ n_{21} & n_{22} & n_{23} & n_{24} \\ n_{31} & n_{32} & n_{33} & n_{34} \end{bmatrix}$，通过式（10.15）可知，对雷达坐

标系到图像坐标系的映射问题求解，可以通过求解矩阵 $M$。本章通过提取多组雷达与图像的特征点建立约束方程来求解矩阵 $M$。特征点标定方法，通过提取多组点云-图像数据组。将式（10.15）展开可得：

$$Z_c u = n_{11} X_L + n_{12} Y_L + n_{13} Z_L + n_{14} \tag{10.16}$$
$$Z_c v = n_{21} X_L + n_{22} Y_L + n_{23} Z_L + n_{24} \tag{10.17}$$
$$Z_c = n_{31} X_L + n_{32} Y_L + n_{33} Z_L + n_{34} \tag{10.18}$$

将式（10.18）代入式（10.16）和式（10.17）可得式（10.19）和式（10.20）。

$$u(n_{31} X_L + n_{32} Y_L + n_{33} Z_L + n_{34}) = n_{11} X_L + n_{12} Y_L + n_{13} Z_L + n_{14} \tag{10.19}$$
$$v(n_{31} X_L + n_{32} Y_L + n_{33} Z_L + n_{34}) = n_{21} X_L + n_{22} Y_L + n_{23} Z_L + n_{24} \tag{10.20}$$

通过 $n$ 组点云图像数据组，可以组成 $2n$ 个方程组

$$\begin{bmatrix} x_1 & y_1 & z_1 & 1 & 0 & 0 & 0 & 0 & -u_1x_1 & -u_1y_1 & -u_1z_1 & -u_1 \\ 0 & 0 & 0 & 0 & x_1 & y_1 & z_1 & 1 & -v_1x_1 & -v_1y_1 & -v_1z_1 & -v_1 \\ & & & & & & \vdots & & & & & \\ x_n & y_n & z_n & 1 & 0 & 0 & 0 & 0 & -u_nx_n & -u_ny_n & -u_nz_n & -u_n \\ 0 & 0 & 0 & 0 & x_n & y_n & z_n & 1 & -v_nx_n & -v_nx_n & -v_nx_n & -v_n \end{bmatrix} A_{12*1} = 0$$

$$(10.21)$$

式中，$A_{12*1} = [n_{11}, n_{12}, n_{13}, n_{14}, n_{21}, n_{22}, n_{23}, n_{24}, n_{31}, n_{32}, n_{33}, n_{34}]^{\mathrm{T}}$，由于 $A_{12*1}$ 存在 12 个参数，因此求解这个问题需要至少需要 6 组点云-像素对，同时为了保证求解精度，通常情况下会选取 9 组数据，建立过约束方程。采用 autoware 联合标定工具即可快速获得雷达图像外参矩阵，其具体流程如图 10.9 所示。

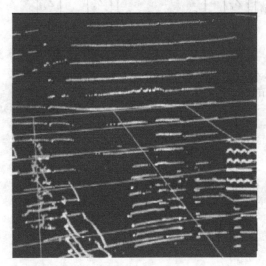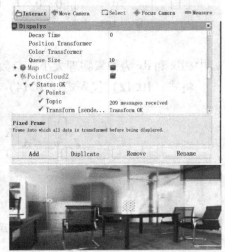

图 10.9 标定过程

观察图像和点云，并在 image-view2 中用选择像素点，点击 rviz 工具栏的 PublishPoint，然后在 rviz 中选择一个对应的点云数据点重复以上步骤，选择 9 个不同的像素-点云对。通过点云与像素的对应位置计算相机与雷达之间的外参矩阵，得到如下所示的外参矩阵：

$$\begin{bmatrix} -0.1092184638884 & 0.039930404731803 & 0.99321542965671 & -0.53392481803894 \\ -0.9935686094656 & 0.02564899677937 & -0.1102884721986 & -0.09461246864700 \\ -0.0298788458653 & -0.9988732108620 & 0.03687225042315 & 0.07798840639591 \end{bmatrix}$$

通过外参矩阵得到了从三维点云的雷达坐标系到像素坐标系之间的映射，其融合后结果如图 10.10 所示。

图 10.10 融合结果

## 10.3 矿区行车障碍空间距离融合计算

### 10.3.1 碰撞目标特征设计

在道路消失点检测与深度估计已有的研究中，普遍认为障碍成像大小与行车距离之间呈线性关系，碰撞目标类别以及姿态确定的情况下行车与前方障碍的纵向关系可以通过障碍物图像的大小来表达。驾驶员行为研究也表明，驾驶员在判断障碍物距离时不会直接计算与行车的绝对距离，通常是结合经验等因素对危险距离做出模糊判断形成危险距离的视觉阈值。根据上述思想，针对深度估计与目标检测难以融合的问题，在目标检测与分割后设计线性距离因子。在将输出图像检测框的长、宽、中心坐标以及掩模面积进行归一化处理，然后结合检测类别建立线性距离因子作为特征。具体设计过程如下：

$$\begin{cases} w'_{anchor} = \dfrac{w_{anchor}}{w_{input}} \\ h'_{anchor} = \dfrac{h_{anchor}}{h_{input}} \\ s'_{mask} = \dfrac{s_{mask}}{s_{input}} \\ x' = \dfrac{x}{w} \\ y' = \dfrac{y}{h} \end{cases} \tag{10.22}$$

式中，$w'_{anchor}$、$h'_{anchor}$ 分别为归一化后检测框的宽、高；$s'_{mask}$ 为分割掩模的面积与总面积的比值；$x'$、$y'$ 分别为预测边框的中心坐标；$w_{input}$、$h_{input}$ 与 $s_{input}$ 为输入图像的相应尺寸。在类别确定时，上述因子可以将碰撞目标的深度信息转化为视觉范围线性空间中的比例属性。

### 10.3.2　距离估计模型

本章将从检测框的视觉比例特征到实际距离的映射问题作为回归问题处理，采用梯度提升回归算法（gradient boosting regression，GBR），对不同类别的碰撞目标做出回归预测。GBR 实质上是一种集成算法，将通常的参数学习任务转换到函数空间，同时对之前拟合函数的负梯度与权重进行学习，从而将多个弱距离回归树组合为一个精度较高的强回归树。

#### 10.3.2.1　距离回归树

回归树采用一种二叉树结构解决回归问题，在做预测时将所有叶节点均值处理。如果给定训练集后，将训练集的观测变量的取值集合划分为一系列的区域，取该区域中样本预测变量的均值作为输出值。对于未知数据只需要判断其特征值落入哪一个特征空间的划分区域即可得到预测值。如果直接选取全局最优划分节点，问题将变得不可求解，通常采用自上而下的依次单独确定划分特征和划分值。

对于碰撞距离估计，将数据集记为 $D = \{(x_i, y_i) | i = 1, 2, \cdots, N\}$，其中 $x_i$ 是 5 维向量分别代表长宽和坐标值及掩膜面积，将 MSE（mean square error）作为特征空间划分的依据，且采用二叉分裂的形式。那么特征区域的划分损失可以表示为：

$$\sum_{x_i \in R_1} (y_i - \hat{y}_{R_1})^2 + \sum_{x_i \in R_2} (y_i - \hat{y}_{R_2})^2 \tag{10.23}$$

式中，$R_1$ 与 $R_2$ 代表了特征的完备二分空间，$R_1(j,s) = (x | x^j \leqslant s)$ 与 $R_2(j,s) = (x | x^j > s)$，$j$ 代表了输入样本的特征，$s$ 对应了特征的划分节点值。通过遍历所有样本，可以确定每一个特征的最优划分值和相应的损失，选择损失最小的进行划分形成两个子空间。

对每一个子空间排除先前划分的特征外，重复以上过程直到满足规定的停止准则。停止准则通常为树的最大深度或者最大叶子节点数。此时就完成了距离回归树的训练，也就是特征空间的划分过程。

在距离估计时对于碰撞目标检测得到的结果，作为距离回归树的输入特征逐步判断该点所在的特征区域，输出该区域的算数平均值即估计得到的距离。

#### 10.3.2.2　梯度提升框架

单个回归树的学习能力差精度低，本章借鉴多树集成的思想，构建梯度提升回归树，除第一颗回归树外每一颗回归树计算上一颗树的残差值。

首先定义一个初始化模型，树的个数为 $M$：

$$f_0(x) = \arg \min_{f(x)} \sum_{i=1}^{N} L(y_i, f(x))$$

$$L(y, f(x)) = (y - f(x))^2 \tag{10.24}$$

对于第 $m$ 颗树，计算负梯度作为残差的估计：

$$r_{mi} = - \left[ \frac{\partial L(y_i, f(x_i))}{\partial f(x_i)} \right]_{f(x) = f_{m-1}(x)} \tag{10.25}$$

得到残差后，残差作为目标与输入特征组成数据集来重新拟合回归树 $h_m(x)$，代入并计算步长：

$$\beta = \arg \min_{\beta} \sum_{i=1}^{N} L(y_i, f_{m-1}(x_i) + \beta_m h_m(x_i)) \tag{10.26}$$

更新模型：

$$f_m = f_{m-1}(x) + \alpha \cdot \beta \cdot h_m(x) \tag{10.27}$$

模型中需要人为控制的关键参数有树的个数、树的节点深度以及学习效率（$\alpha$），通常情况下学习效率和树的个数相互矛盾，树的个数越多导致学习的次数越多，最后学习效率就越低，而树的节点深度应该根据数据集的特征维度确定，通常小于5，文中的特征个数为4，将树深选为3。通过网格实验确定学习效率为0.1，树的个数为100。

## 10.4 行车障碍空间距离融合计算

在前文中，使用露天矿区障碍检测模型完成了障碍物在图像上的位置判定，即获取了障碍物在像素坐标系的位置信息。同时通过对相机和雷达的内参及外参标定获得了激光雷达点云到图像坐标的投影信息，因此可以获得每个物体检测框内全部的点云数据。在获取检测框的距离信息时，传统方法是对检测框内的全部雷达数据点的距离求取平均值以获取障碍物距离信息。

而本章采取的目标检测方法在检测到障碍物时，获取的仅是物体的四个边界点坐标，往往还包含有小部分的背景信息，当这些背景信息也存在点云数据时，求取整个检测框内的点云平均值以获得距离信息便会存在较大的误差。如图 10.11 所示，检测框内除了包含卡车、石头等障碍物的点云数据，还包含一部分背景点云信息。

图 10.11 点云在检测框内位置示意图

考虑到障碍物的有效点云大多处于检测框的中心位置，越靠近边缘其成为背景点云的概率越高，因此提出了检测框内点云距离信息的非中心抑制方法，提升障碍物的距离检测精度。其计算方法如下：

设检测框中心点的坐标为 $[x_c, y_c]$，雷达点云数据映射到检测框内的像素坐

标系的 $N$ 个坐标为 $[x_l^i, x_l^i]$，$1 < i < N$。

此时第 $i$ 个雷达投影点距离中心点的距离 $D_P^i$ 为：

$$D_P^i = \sqrt{(x_l^i - x_c)^2 + (y_l^i - y_c)^2}$$ （10.28）

通过 Sigmoid 函数对集合 $D_P$ 进行归一化操作使其归一到 $0 \sim 1$ 之间得到每个点的权重集合。

$$weights = Sigmoid\left(\frac{1}{D_P}\right)$$ （10.29）

此时检测框内障碍物的距离计算公式为：

$$Distance = \frac{\sum_{i=0}^{n} weights_i \times D_R^i}{\sum_{i=0}^{n} weights_i}$$ （10.30）

式中，$D_R^i$ 为第 $i$ 个雷达点的距离；$weights_i$ 为第 $i$ 个雷达距离点的权重。本章通过在计算障碍物距离时为每个距离信息赋予权重，增加距离边界框中心点近的雷达点的权重，抑制边界框边缘权重，去获得更加准确的距离信息。

## 10.5 障碍空间测量实验与分析

本章的实验矿卡采用西安某公司的无人驾驶矿卡车，如图 10.12 所示。无人驾驶卡车为纯电动平台，车体长 9.6m，宽 3.2m，高 3.8m，载重量 60t。为便于对比实验，采用的相机为 Zed 双目相机，使用速腾聚创 64 线激光雷达，其实物图和具体参数如图 10.13、表 10.1 所示，相机和雷达的具体参数及传感器布置位置如图 10.14 所示。

图 10.12　无人驾驶矿卡车

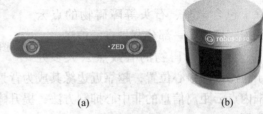

(a)　　　　　　　　　　(b)

图 10.13　相机与雷达

(a) ZED 双目相机；(b) 激光雷达

**表 10.1 相机与雷达参数**

| 相机参数 | 技术规格 | 雷达参数 | 技术规格 |
|---|---|---|---|
| 视频输出 | 1280×720 (720P) 60fps | 线数 | 64 |
| 深度格式 | 32 位 | 激光波长 | 905nm |
| 视角 | 90°(高), 110°(宽) | 测距能力 | 150m(80m@ 10% NIST) |
| 像素尺寸 | 每个传感器 4M 像素, 2μm 像素 | 精度(典型值) | ±2cm |
| 基线 | 120mm | 水平视场角 | 360° |
| 双目距离 | 0.5~20m | 垂直视场角 | 30° |
| | | 转速 | (5/10/20Hz) |

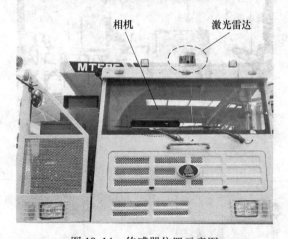

图 10.14 传感器位置示意图

如表 10.1 所示，本章使用的双目相机其图像分辨率为 1280×720，视频帧率为 60fps，采用了 64 线激光雷达，其最大采样率为每秒 20Hz。如图 10.14 所示，为保证激光雷达能采集到更准确的信息，将其放置于矿卡顶部，同时将相机置于驾驶舱内，防止灰尘雨雪干扰。

为了验证相机与雷达数据跨模态融合后的精度，使用了双目相机作为距离测量的对照组，如图 10.15 所示，双目相机采用视差原理进行前方物体的障碍测量，由于双目相机的测距需要精确标定，因此在实验室中采用棋盘格标定法对相机进行准确标定，其标定过程和标定后融合结构如图 10.15 所示。

如图 10.16 所示，双目相机所生成的深度图可以覆盖每一个像素点，而雷达点云数据仅能覆盖画面中间部分，因此本章设计了靶标法作为精度测试实验场景，如图 10.17 所示。

左相机　　　　　　　　　　　　　　右相机

图 10.15　数据采集

图 10.16　深度图

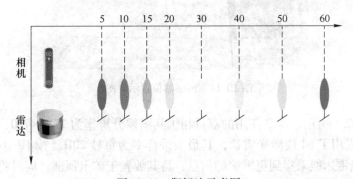

图 10.17　靶标法示意图

　　如图 10.17 所示，使用移动范围在 5～60m 范围内的可移动的标靶，放置在相机和激光雷达能够检测到的共同视场中，使得激光雷达和双目相机的数据中包含标靶信息，分别记录其上面的标靶数据坐标。在雷达数据的距离采集方面，由于采用的是基于目标检测的融合方法，因此首先在图像中对靶标进行最小外接矩形检测，然后对矩形区域内的雷达点云分别使用均值法和非中心抑制法求解距离信息。而双目深度图则直接计算靶标的中心图像位置距离信息。如表 10.2 所示，分别采用雷达和双目相机得到的结果。

表 10.2 距离测定对比结果

| 靶标 /m | 激光雷达 坐标/m | 像素坐标 $[x_1, y_1]$ | 雷达投影 误差/像素 | 平均法距 离误差/m | 非中心抑制法 距离误差/m | 双目距离 误差/m |
|---|---|---|---|---|---|---|
| 5 | [0.75, −0.44, 5.02] | [761, 378] | 3.15 | 0.03 | 0.02 | 0.05 |
| 10 | [0.33, −0.64, 9.96] | [788, 359] | 2.46 | 0.03 | 0.04 | 0.43 |
| 15 | [0.86, −0.54, 15.17] | [757, 372] | 4.25 | 0.21 | 0.17 | 1.77 |
| 20 | [0.49, −0.56, 20.05] | [845, 321] | 1.58 | 0.16 | 0.04 | 3.42 |
| 30 | [0.68, −0.36, 30.21] | [774, 367] | 2.74 | 0.32 | 0.21 | 2.43 |
| 40 | [0.62, −0.49, 39.74] | [784, 363] | 3.69 | 0.41 | 0.26 | 3.79 |
| 50 | [0.79, −0.60, 49.58] | [830, 322] | 3.78 | 0.66 | 0.42 | null |
| 60 | [1.01, −0.68, 61.02] | [791, 371] | 4.09 | 1.57 | 1.02 | null |

　　如表 10.2 所示，本章采用的图像与激光雷达融合方法，在测定障碍物的距离信息时误差较小，尤其是在近距离时误差为厘米级，由于双目视觉的距离测定方法，同时在超过 40m 的远距离测定时，双目相机由于基线较短已经无法测定障碍物距离，而本章方法的误差此时仅为 1m 范围左右，可以完全满足露天矿无人驾驶矿卡在障碍物检测中的距离要求，能够更早地发现及检测到障碍物，为矿卡预警和路径规划提供了更有效的信息。

　　经过数据融合后的检测结果如图 10.18 所示。可以看出，基于跨模态融合的露天矿区无人驾驶行进障碍检测方法，对多种障碍物都有着良好的检测效果。尤其是针对多尺度和小目标障碍物有着出色的识别效果，同时融合了激光雷达的深度信息，对于障碍物的探测距离较远，距离探测精度较高。可以满足无人驾驶卡车在露天矿区封闭低速环境下的障碍物精确检测需求。

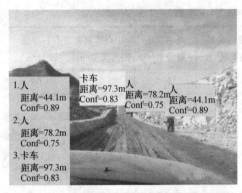
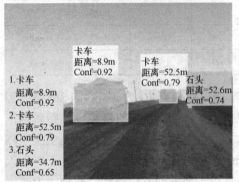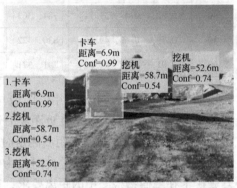

图 10.18　融合检测结果

## 10.6　本章小结

　　本章完成了雷达点云数据与图像数据的跨模态融合，首先对相机的内参和畸变系数进行计算，完成图像数据的畸变矫正，获得了相机坐标系到像素坐标系的映射方法。然后使用特征点匹配法将雷达点云数据与图像数据进行空间匹配，获得雷达坐标系到像素坐标系的映射关系。在获取障碍物的空间位置时，针对传统求取检测框内雷达点云数据平均值误差较大的问题，提出了非中心抑制法的障碍物距离求取方法。

# 11 矿区智能视觉综合应用案例

前文从理论上详细研究了露天矿碰撞物检测和预警识别算法，在此基础上本章针对实地数据集进行实验并分析结果，验证算法整体的可行性。

## 11.1 矿区道路障碍目标数据集

### 11.1.1 矿区行车数据采集

本章中的数据集于 2019 年 2 月到 2019 年 4 月间在 M 大型露天钼矿开采现场，使用 Canon EOS 80d 数字相机与激光测距仪采集，检测目标包括大型运载卡车与少量行人，如图 11.1 所示。采场内的运载卡车均为特雷克斯 3307A，不同运载卡车的载重和大小几乎没有差异，载重量均在 40~50t 之间，工作宽度约为 6.2m，空载高度约为 4m，车长为 9m。空载、轻载和满载情况下，车体之间的高、宽、长的差异较小。

图 11.1 数据集实例

在不同光照条件下，总共采集 916 张图像数据。数据集中共有 1049 个障碍目标，其中车辆 786 个，行人 263 人，基本满足样本的均衡性要求。随机选择 687 张作为训练集，其余 229 张为测试集，图像原分辨率是 4032×3024，在输入网络时将图像大小调整为 1024×1024。

### 11.1.2　障碍目标标注

Mask R-CNN 的标签输出为闭合多边形掩膜生成边界，根据掩膜边界生成真实检测框坐标，因此标注的准确性严重影响障碍检测的精确性。从 COCO 数据集中发现训练集的标注比较粗糙，对于部分卡车的外形标注点较少，影响边界回归的精度。因此为提高训练精度，每个大型卡车的平均标注点个数为 42 个，确保了训练集像素级精度。本章中数据集存在大量近距离运载卡车，标注时需要考虑其中的突出边界和阴影的影响，如图 11.2 所示。以下就一些标注的准则做出说明：

（1）对于突出的运载矿石，将其作为标注的外边缘进行细致标注。运载卡车状态有空车和运载两种，运载矿石是卡车的重要特征之一。

（2）对于突出的侧视镜，若距离较近对多边形的边界有突出影响则需要作为运载卡车的一部分进行细致标注，若距离较远对卡车边界影响较小则可以忽略。

（3）对于卡车车底阴影部分，如果人眼可以清晰辨识其中的结构特征则进行详细标注。若无法表示，则通过其他卡车底部进行推断标注，尽可能还原卡车原本的轮廓特征。

图 11.2　标注细节

（4）对于近距离车车辆非侧视镜之外的突出结构，例如踏板、车轮挡板等可以根据距离远近予以一定的忽略。

（5）对于近距离的轮胎印记统一视为规则弧线。

（6）针对行人标注则尽可能标注其中的细节部分，包括手持物等。

在目标距离标注方面，文中采用 worx08M40 激光测距仪器（误差校正为 ±1.5mm）人工测定，确定行车最近平面为测距落点。

## 11.2 矿区道路障碍目标检测实验分析

### 11.2.1 实验环境配置与评价指标

实验硬件环境：CPU 为 Intel-i7-7800X，主频 3.50GHz，GPU 加速模块为 NVIDIA GeForce RTX 2080ti（12G 显存）。

实验软件环境：操作系统 Windows10（64bit），编程环境为 python3.6，神经网络框架为 Tensorflow1.8-Keras。

数据集划分：随机选取 700 张图像作为训练集，其余的 216 张作为测试集。

训练增强方法：随机选择水平或垂直翻转，数据增强后共 1400 张训练图。

Mask R-CNN 中含有大量超参数，设置超参数通常考虑数据集特点以及运算硬件的性能，本章实验中参数集合如表 11.1 所示。

**表 11.1 超参数配置**

| 超参数类别 | 超参数名称 | 参 数 值 |
|---|---|---|
| 输入图像 | 维度 | 1024×1024×3 |
| 检测分支 | 检测分支全连接层神经元数 | 1024 |
| ROI 生成 | 单张图片 ROI 总数 | 200 |
| | 单张图片 ROI 正负例比例 | 1：2 |
| RPN | 正样本阈值 | 0.7 |
| | 负样本阈值 | 0.3 |
| | NMS 中 IOU 阈值 | 0.7 |
| RPN | NMS 输出个数 | 2000 |
| | NMS 输入个数 | 3000 |
| 训练总参数 | 学习率 | 0.001 |
| | 优化方法 | momentum |
| | 动量参数 | 0.9 |
| | 每批图像个数 | 2 |
| | 迭代次数 | 344×100 |
| 正则化项 | L2 | 0.0001 |

在目标检测中需要考虑到检测框与真实边框的重合程度，本文分别中采用IoU 为 0.5、0.75 和 0.9 作为阈值划分 TP（true positive）与 FP（false positive），平均精度（average precision，AP）计算准则为：

$$AP = \sum_{r=1}^{N} \max_{\tilde{r} > r} P(\tilde{r}) \Delta R(r) \tag{11.1}$$

式中，$N$ 代表样本数，$r$ 为该样本的预测置信度，$P$ 与 $R$ 分别代表精度和召回率。AP 是计算所有召回率下的精度最大值并求平均值，AP 值的取值在 0~1 之间，值越大说明算法的精度越高。

### 11.2.2　预训练网络

由于 Mask R-CNN 模型选择的参数较多，选择迁移学习的方法保证模型收敛提高检测的精确性。本章选择 COCO 数据集作为预训练数据集，COCO 数据集总体有 80 类，123287 张图像，886284 个实例，数据集总量超过 25G，是当前目标检测和实例分割领域的权威数据集之一。文中将官方训练的权重参数作为网络的初始化参数进行训练，减少训练成本，提高检测的泛化能力。

当前深度学习中使用预训练模型主要手段有两种：（1）将预训练后的网络参数作为实例数据集训练的初始化权重，从而提高网络收敛的速度。（2）采用预训练数据集训练部分网络，采用实地数据集训练其余网络。前文中已经介绍了两种方法的优缺点和适应范围，本节中将分别使用这两种预训练策略训练网络。

### 11.2.3　结果与分析

#### 11.2.3.1　不同迁移学习策略实验

在骨架网络中，不同阶段网络的特征图大小和通道数不同，卷积的全局感受野不同，因此提取到的特征是有区别的。为了选择最优预训练方法，实验中对不同层进行冻结并训练其他层级，选择测试精度最高的迁移学习方法。

图 11.3 中加入了虚线表示的测试集损失。可以发现测试集同训练集的损失下降几乎相同，没有出现严重的过拟合现象，进一步证明了改进网络的有效性。仔细观察损失下降曲线，只训练的头部的网络最后测试集的损失非常的震荡，这是因为 COCO 数据集中不包含背景与运载物高度相似的卡车图像，不训练骨架网络时难以完成露天矿大型运载卡车的特征提取，造成一定量的过拟合现象。

表 11.2 为不同训练方法的 AP 值，四种迁移学习方式的精度均比较突出，在 IoU 为 0.5 阈值下 AP 值均到达 0.90 以上，在 0.9 阈值下 AP 依然可以到达 0.80 以上。训练全网络的测试集最终损失最小，同时不同阈值下的 AP 值也最高，因此最终选择将预训练权重作为网络的初始化方式进行训练。

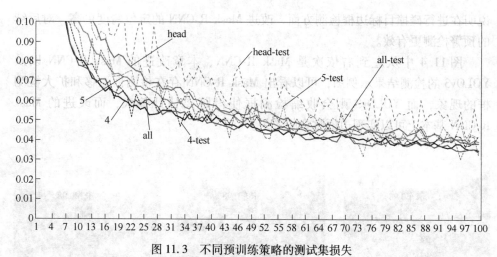

图 11.3 不同预训练策略的测试集损失

**表 11.2 不同层级训练精度与最终损失值**

| 训 练 层 级 | AP@0.5 | AP@0.75 | AP@0.9 | 训练集损失 | 测试集损失 |
|---|---|---|---|---|---|
| RPN+检测分支+掩膜分支 | 0.91 | 0.85 | 0.81 | 0.0384 | 0.0452 |
| C5+RPN+检测分支+掩膜分支 | 0.92 | 0.87 | 0.83 | 0.0395 | 0.0416 |
| C4+C5+RPN+检测分支+掩膜分支 | 0.92 | 0.85 | 0.83 | 0.0350 | 0.0425 |
| 全网络训练 | 0.95 | 0.91 | 0.85 | 0.0341 | 0.0326 |

### 11.2.3.2 不同检测算法对比分析

实验中还将 Mask R-CNN、改进 Mask R-CNN 及一阶段表现优秀的 YOLOv3 做对比，验证不同网络在露天矿碰撞目标检测中的适用性和有效性。实验结果如表 11.3 所示。

**表 11.3 三种网络的精度对比**

| 网 络 | AP@0.5 | AP@0.75 | AP@0.9 | 时间/s |
|---|---|---|---|---|
| Maks R-CNN | 0.91 | 0.85 | 0.71 | 0.47 |
| YOLOv3 | 0.92 | 0.86 | 0.65 | 0.23 |
| 改进 Mask R-CNN | 0.95 | 0.91 | 0.85 | 0.47 |

从表 11.3 中可以发现三种网络的精度都较高，在阈值为 0.5 的标准下三种网络的检测结果都超过了 90%，适用于后续的预警识别任务。从 0.5 到 0.75 时，三种网络的平均精度下降不多，均在 5% 左右，而当阈值从 0.75 到 0.9 时 Mask R-CNN 与 YOLOv3 的下降分别为 10% 与 15%，而改进后的网络下降只有 4.9%，

说明在进行碰撞目标边框检测方面，改进 Mask R-CNN 的定位精度更高，对后续的预警检测更有效。

图 11.4 中从左到右依次是 Mask R-CNN、本章改进的 Mask R-CNN 以及 YOLOv3 的检测结果示例图，可以看出 Mask R-CNN 存在检测框漂移和扩大检测框的现象，而 YOLOv3 则会收缩检测框使得距离估计偏大，而改进的 Mask R-CNN 基本上可以实现边框贴合的效果。

图 11.4 碰撞目标检测示例

## 11.3 矿区道路障碍目标距离估计实验分析

实验对露天矿采集的露天矿行车图像中的 786 辆运载卡车和 263 位行人，分别进行建立 GBR 模型估算距离，实际结果如表 11.4 所示。

**表 11.4 露天矿数据集距离估计指标**

| 目标 | MAE | MSE | R2 |
|---|---|---|---|
| 运载卡车 | 0.92 | 3.03 | 0.97 |
| 行人 | 1.22 | 4.31 | 0.95 |

在实地验证时对于运载卡车的平均误差小于 1m，对于行人检测误差在 1m 左右，基本满足了距离估算的需求，且要远小于 Cityscapes，主要的原因有：

（1）实地数据集中的障碍目标的距离由激光测距仪器得到误差小于 0.01m，而 Cityscapes 数据集的实际距离由深度图像测算而来。深度图像中包含大量的无效点使得真实的距离计算出现偏差，而且随着目标距离的增加目标所占图像像素面积不断减少，偏差的概率会明显增大。

（2）实地数据集中碰撞目标的姿态单一。运载卡车方面，在实地数据集中，较少出现遮挡、行车交会以及十字路口等复杂交通状况，车辆的行驶比较单一。由于露天矿无人驾驶的特殊性，车辆在行驶过程中，相机不会出采集到车辆侧向的图像，从而保证了车辆姿态的单一性。行人方面，由于实地生产环境的行人较少，且均为背向站立行进姿态，同样具有姿态单一性的属性。

图 11.5 为不同距离范围内的估算平均误差示意图，横轴代表距离范围，纵轴代表误差。由于仪器限制，行人距离最大在 30~40m 范围内。

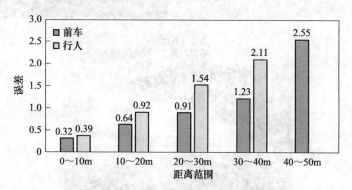

图 11.5　不同距离下的平均估计误差

可以从图 11.5 中看出以下几点：

（1）无论是行人还是车辆，可以看出在 0~10m 的范围内的误差均小于 0.5m，具有较高的精度。两者的误差都会随着距离的增加而增加，这符合距离测定的一般规律，也表明了基于目标检测框的距离估算对目标所占像素有较高的要求。

（2）在露天矿行车中，10~20m 以及 20~30m 内为制动或避让最好距离，这个距离内的误差没有大幅上涨，而当距离增加对误差的容忍也更大，证明了该算法的适用性。

（3）在前车距离估算中可以发现从 30~40m 到 40~50m 区间时，误差突增了约两倍。这是因为基于改进 Mask R-CNN 算法中对近距离大目标的检测精度很好，而对小目标检测来说检测框不可避免地发生漂移和变形。因此基于检测框设计的特征和距离估算模型自然会受到一定的影响。

为证明检测和距离算法的鲁棒性与稳定性，本章还对异地露天矿开采现场做了实地测试，如图 11.6 所示。

图中目标检测为卡车的概率约为 1，对于实际距离为 3.7m、19.3m、27.6m 的碰撞目标估算分别为 3.65m、18.23m、26.77m，绝对误差分别为 0.05m、1.07m、0.88m，相对误差分别为 1.3%、5.54%、3.19%。异地检测的误差基本

图 11.6  异地距离估计示例

等同于本地检测误差，满足鲁棒性需求。

　　总体来说，对于目标稀疏且姿态单一的露天矿碰撞目标距离估算问题，本章提出的距离估计算法分别在公开数据集和实地数据集中做了大量实验。实验表明，在不需要标定和其他辅助设施的情况下实现了较高精度的距离估算，且稳定性和鲁棒性强。

## 11.4  本章小结

　　本章首先对数据集的获取和标注做了详细说明，然后就提出的目标检测算法、距离估计和预测算法进行充分实验。在目标检测实验中，将改进 Mask R-CNN 与基础 Mask R-CNN 和 YOLOv3 进行了对比，对 IoU0.5 阈值实现了 91% 的检测率，优于其他算法。目标距离估计实验中，对比了五种估计模型，本章的估算模型对行人和前车的精度误差分别为 1.22m 和 0.92m，优于其他模型，能够满足实现需求。距离预测实验中，对跟车与前车静止分别进行了实验，平均误差分别为 0.84m 和 1.23m，完成高精度的预测。

# 参 考 文 献

[1] 中华人民共和国自然资源部. 中国矿产资源报告 [J]. 国土资源情报, 2021 (11)：2.

[2] 王聪聪, 黄小彬. 露天开采综合生产成本的优化研究 [J]. 有色金属（矿山部分）, 2017, 69 (5)：87~91.

[3] 潘飞亚, 车兆学, 师兵团, 等. 露天矿垂向反向运输对运输成本的影响 [J]. 深圳大学学报（理工版）, 2016, 33 (5)：464~469.

[4] 王国法, 王虹, 任怀伟, 等. 智慧煤矿 2025 情景目标和发展路径 [J]. 煤炭学报, 2018, 43 (2)：295~305.

[5] Ranft B, Stiller C. The role of machine vision for intelligent vehicles [J]. IEEE Transactions on Intelligent Vehicles, 2016, 1 (1)：8~19.

[6] 王新晴, 孟凡杰, 吕高旺, 等. 基于 PCA-SVM 准则改进区域生长的非结构化道路识别 [J]. 计算机应用, 2017, 37 (6)：1782~1786.

[7] 林辉灿, 吕强, 张洋, 等. 稀疏和稠密的 VSLAM 的研究进展 [J]. 机器人, 2016, 38 (5)：621~631.

[8] 汤一平, 姜荣剑, 林璐璐. 基于主动式全景视觉的移动机器人障碍物检测 [J]. 计算机科学, 2015, 42 (3)：284~288, 315.

[9] 高飞, 梅凯城, 高炎, 等. 城市交叉路口背景提取与车道标定算法 [J]. 中国图象图形学报, 2016, 21 (6)：734~744.

[10] 彭博, 蔡晓禹, 唐聚, 等. 基于形态检测与深度学习的高空视频车辆识别 [J]. 交通运输系统工程与信息, 2019, 19 (6)：45~51.

[11] Jo K, Kim J, Kim D, et al. Development of autonomous car—part Ⅱ：A case study on the implementation of an autonomous driving system based on distributed architecture [J]. IEEE Transactions on Industrial Electronics, 2015, 62 (8)：5119~5132.

[12] 黄如林 梁华为, 陈佳佳, 等. 基于激光雷达的无人驾驶汽车动态障碍物检测、跟踪与识别方法 [J]. 机器人, 38 (4)：437~443.

[13] Goyal K, Singhai J. Review of background subtraction methods using Gaussian mixture model for video surveillance systems [J]. Artificial Intelligence Review, 2018, 50 (2)：241~259.

[14] 张小东, 郝向阳, 孙国鹏, 等. 旋翼无人机单目视觉障碍物径向光流检测法 [J]. 测绘学报, 2017, 46 (9)：1107~1115.

[15] Sengar S S, Mukhopadhyay S. Moving object area detection using normalized self adaptive optical flow [J]. Optik-International Journal for Light and Electron Optics, 2016, 127 (16)：6258~6267.

[16] Zezhi Chen, Tim Ellis, et al. A self-adaptive Gaussian mixture model [J]. Computer Vision and Image Understanding, 2014, 122 (5)：35~46.

[17] Li-Xiaa X, Yan-Lia L, Zuo-Chengb W. Detection algorithm of adaptive moving objects based on frame difference method [J]. Application Research of Computers, 2011, 28 (4)：1551~1274.

[18] Suhr J K, Jung H G. Rearview camera-based backover warning system exploiting a combination of pose-specific pedestrian recognitions [J]. IEEE Transactions on Intelligent Transportation

Systems, 2018, 19 (4): 1122~1129.

[19] 姚倩, 安世全, 姚路. 三帧差法和 Mean-shift 结合的行人检测与跟踪研究 [J]. 计算机工程与设计, 2014, 35 (1): 231~235.

[20] 王恩旺, 王恩达. 改进的帧差法在空间运动目标检测中的应用 [J]. 天文研究与技术, 2016, 13 (3): 333~339.

[21] 屈晶晶, 辛云宏. 连续帧间差分与背景差分相融合的运动目标检测方法 [J]. 光子学报, 2014, 43 (7): 219~226.

[22] Ramya P, Rajeswari R. A modified frame difference method using correlation coefficient for background subtraction [J]. Procedia Computer Science, 2016, 93 (5): 478~485.

[23] 刘威, 段成伟, 遇冰, 等. 基于后验 HOG 特征的多姿态行人检测 [J]. 电子学报, 2015, 43 (2): 217~224.

[24] 李盛辉, 周俊, 姬长英, 等. 基于全景视觉的智能农业车辆运动障碍目标检测 [J]. 农业机械学报, 2013, 44 (12): 239~244.

[25] 刘宏, 王喆, 王向东, 等. 面向盲人避障的场景自适应分割及障碍物检测 [J]. 计算机辅助设计与图形学学报, 2013, 25 (12): 46~53.

[26] 耿庆田, 赵浩宇, 王宇婷, 等. 基于改进 SIFT 特征提取的车标识别 [J]. 光学精密工程, 2018, 26 (5): 269~276.

[27] Krizhevsky A, Sutskever I, Hinton G. ImageNet classification with deep convolutional neural networks [J]. Advances in Neural Information Processing Systems, 2012, 25 (2): 1097~1105.

[28] Girshick R, Donahue J, Darrell T, et al. Rich feature hierarchies for accurate object detection and semantic segmentation [C] //IEEE. Computer Vision and Pattern Recognition. Piscataway, NJ: IEEExplore. 2014: 580~587.

[29] Girshick R. Fast R-CNN [C] //IEEE. International Conference on Computer Vision. Piscataway, NJ: IEEExplore. 2015: 1440~1448.

[30] He K, Zhang X, Ren S, et al. Spatial pyramid pooling in deep convolutional networks for visual recognition [J]. IEEE Transactions on Pattern Analysis & Machine Intelligence, 2014, 37 (9): 1904~1916.

[31] 曹诗雨, 刘跃虎, 李辛昭. 基于 Fast R-CNN 的车辆目标检测 [J]. 中国图象图形学报, 2017, 22 (5): 671~677.

[32] Ren S, He K, Girshick R, et al. Faster R-CNN: Towards real-time object detection with region proposal networks [J]. IEEE Transactions on Pattern Analysis and Machine Intelligence, 2017, 39 (6): 1137~1149.

[33] Redmon J, Divvala S, Girshick R, et al. You only look once: Unified, real-time object detection [C] //IEEE. Computer Vision and Pattern Recognition. Piscataway, NJ: IEEE. 2016: 779~788.

[34] Redmon J, Farhadi A. YOLO9000: Better, faster, stronger [C] //IEEE. Computer Vision and Pattern Recognition. Piscataway, NJ: IEEExplore. 2017: 6517~6525.

[35] Liu W, Anguelov D, Erhan D, et al. SSD: single shot MultiBox detector [C] // Bastian LeibeJiri MatasNicu SebeMax Welling. European Conference on Computer Vision. Berlin:

Springer. 2016：21~37.

［36］唐聪，凌永顺，郑科栋，等．基于深度学习的多视窗 SSD 目标检测方法［J］．红外与激光工程，2018，47（1）：290~298.

［37］He K, Gkioxari G, Dollar P, et al. Mask R-CNN［C］//IEEE. International Conference on Computer Vision. Piscataway, NJ：IEEExplore. 2017：2980~2988.

［38］Li J. Intelligent mining technology for an underground metal mine based on unmanned equipment［J］. Engineering, 2018, 4（3）：381~391.

［39］Bertozzi M, Broggi A, Fascioli A. Vision-based intelligent vehicles：State of the art and perspectives［J］. Robotics & Autonomous Systems, 2015, 32（1）：1~16.

［40］Nayak J , Naik B , Behera H S . Fuzzy c-means（FCM）clustering algorithm：A decade review from 2000 to 2014［J］. Computational Intelligence in Data Mining, 2015, 2：133~149.

［41］Cualain D O, Glavin M, Jones E, et al. Multiple-camera lane departure warning system for the automotive environment［J］. Iet Intelligent Transport Systems, 2012, 6（6）：223~234.

［42］周俊，程嘉煜．基于机器视觉的农业机器人运动障碍目标检测［J］．农业机械学报，2016，42（8）：154~158.

［43］管欣，贾鑫，振海．基于道路图像对比度-区域均匀性分析的自适应闭值算法［J］．吉林大学学报（工学版），2014，38（4）：758~763.

［44］Seungbeum S, Yeonsik K, et al. A robust lane recognition technique for vision-based navigation with a multiple clue-based filtration algorithm［J］. International Journal of Control Automation & Systems, 2011, 9（2）：348~357.

［45］Rahmani-Andebili M , Shen H . Price-controlled energy management of smart homes for maximizing profit of a GENCO［J］. IEEE Transactions on Systems Man & Cybernetics Systems, 2019, 49（4）：697~709.

［46］Sharam U K, Davis L S. Rode boundary detection in range imagery for an autonomous robot［J］. IEEE Transactions on Robotics and Automation. 2014, 4（5）：515~523.

［47］张朋飞．多功能室外智能移动机器人实验平台——THMR-V［J］．机器人，24（2）：97~101.

［48］彭明阳，王建华，闻祥鑫，等．结合 HSV 空间的水面图像特征水岸线检测［J］．中国图象图形学报，2018，23（4）：526~533.

［49］Yue Wang, Dinggang Shen, Eam Khwang Tech. Lane detection using spline model［J］. Pattern Recognition Letters, 2013, 24（2）：2301~2313.

［50］黄俊，侯北平，董霏，等．基于方向纹理的非结构化道路消失点检测研究［J］．图学学报，2019，40（1）：133~138.

［51］Box G E P, Jenkins G M. Time series analysis：forecasting and control［J］. Journal of the Operational Research Society, 2017, 22（2）：199~201.

［52］Engle R F. Autoregressive conditional heteroscedasticity with estimates of the variance of united kingdom inflation［J］. Econometrica, 1982, 50（4）：987~1007.

［53］Jin-Woo Lee, Sung-Uk Choi, Young-Jin Lee. A study on recognition of road and movement of vehicles using vision system［J］. Proc. SICE：2017：38~41.

［54］Canny J. A computational approach to edge detection［J］. Pattern Analysisand Machine Intelligence, IEEE Transactions on, 2016：679~698.

［55］牛牧原, 张春阳, 林晓, 等. 基于二维熵与自适应模板的非结构化道路检测［J］. 电子设计工程, 2019, 27（5）：10~15.

［56］Serge B, Michel B. Road segmentation and obstacle detection by a fastwatershed transformation ［C］// Intelligent Vehicles'94 Symposium, 2015：296~301.

［57］Lakshmanan S, Grimmer D. A deformable template approach lane detecting straight edges in radar images［J］. IEEE Tra Pattern Analysis and Machine Intelligence, 2012, 18：438~443.

［58］纪天明, 贺跃, 于同, 等. 智能车辆导航系统中的实时道路检测［J］. 计算机应用, 2015, 5（z1）：228~234.

［59］李牧, 藏希喆, 闫继宏, 等. 基于类内方差最小化及模糊控制算法的小波边缘［J］. 电子学报, 2017, 36（9）：741~745.

［60］Mokhtarzade M, Valadan Zoej M J. Road detection from high-esolution satellite images using artificial neural networks［J］. International Journal of Applied Earth Observation and Geoinformation, 2017, 9（1）：32~40.

［61］Huang D Y, Wang C H. Optimal multi-level thresholding using a two-stage Otsu optimization approach［J］. Pattern Recognition Letters, 2015, 30（3）：275~284.

［62］Yao Q, Shi-Quan A N, Yao L. Algorithms of pedestrian detection and tracking based on three frame difference method and mean-shift algorithm［J］. Computer Engineering & Design, 2014, 35（1）：223~227.

［63］Chen Z, Ellis T. A self-adaptive Gaussian mixture model［J］. Computer Vision & Image Understanding, 2018, 122（5）：35~46.

［64］Shang E, An X, Ye L, et al. Unstructured road detection based on hybrid features［C］//2012 2nd International Conference on Computer and Information Application（ICCIA 2012）. Atlantis Press, 2014：926~929.

［65］Huang K, Li B. A new method of unstructured road detection based on HSV color space and road features［C］// International Conference on Information Acquisition. IEEE, 2017.

［66］游峰, 张荣辉, 王海玮, 等. 基于纵向安全距离的超车安全预警模型［J］. 华南理工大学学报（自然科学版）, 2013（8）：93~98, 104.

［67］臧利国, 滕飞, 彭志洋, 等. 改进 Berkeley 模型的汽车防碰撞预警算法［J］. 机械科学与技术, 2018, 37（7）：1082~1088.

［68］吕能超, 旷权, 谭青山, 等. 基于车路协同的行人车辆碰撞风险识别与决策方法［J］. 中国安全科学学报, 2015, 25（1）：60~66.

［69］Dooley D, Mcginley B, Hughes C, et al. A blind-zone detection method using a rear-mounted fisheye camera with combination of vehicle detection methods［J］. IEEE Transactions on Intelligent Transportation Systems, 2015, 17（1）：1~15.

［70］Fang C Y, Liang J H, Lo C S, et al. A real-time visual-based front-mounted vehicle collision warning system［C］//IEEE. Symposium on Computational Intelligence in Vehicles and Transportation Systems. Piscataway, NJ：IEEExplore. 2013：1~8.

[71] 孟柯, 吴超仲, 陈志军, 等. 人车碰撞风险识别及智能车辆控制系统 [J]. 交通信息与安全, 2016, 34 (6): 22~29.

[72] 王铮, 赵晓, 佘宏杰, 等. 基于双目视觉的 AGV 障碍物检测与避障 [J]. 计算机集成制造系统, 2018, 24 (2): 400~409.

[73] Wang J, Yu C, Li S E, et al. A forward collision warning algorithm with adaptation to driver behaviors [J]. IEEE Transactions on Intelligent Transportation Systems, 2015, 17 (4): 1~11.

[74] 毕胜强, 梅德纯, 刘志强, 等. 面向驾驶行为预警的换道意图辨识模型研究 [J]. 中国安全科学学报, 2016, 26 (2): 95~99.

[75] 杨会成, 朱文博, 童英. 基于车内外视觉信息的行人碰撞预警方法 [J]. 智能系统学报, 2019, 14 (4): 752~760.

[76] 黄慧玲, 王春香, 王冰. 基于前方车辆行为识别的碰撞预警系统 [J]. 华中科技大学学报 (自然科学版), 2015, (z1): 117~121.

[77] 周宣赤, 张孝兵, 张宏峰, 等. 基于 PSO-SVM 的车辆防碰撞预警模型研究 [J]. 控制工程, 2018, 25 (1): 62~70.

[78] Gorka Vélez, Otaegui O, Ortega J D, et al. On creating vision-based advanced driver assistance systems [J]. IET Intelligent Transport Systems, 2015, 9 (1): 59~66.

[79] 庞成. 基于测距雷达和机器视觉数据融合的前方车辆检测系统 [D]. 南京: 东南大学, 2015.

[80] Ji Z, Prokhorov D. Radar-vision fusion for object classification: 2008 11th International Conference on Information Fusion, 2008 [C]. IEEE.

[81] 郭熙, 胡广地, 杨雪艳. 雷达与视觉特征融合的车辆检测方法 [J]. 物联网技术, 2022, 12 (2): 7~11.

[82] 胡杰, 刘汉, 徐文才, 等. 基于三维激光雷达的道路障碍物目标位姿检测算法 [J]. 中国激光, 2021, 48 (24): 164~174.

[83] 王东敏, 彭永胜, 李永乐. 视觉与激光点云融合的深度图像获取方法 [J]. 军事交通学院学报, 2017, 19 (10): 80~84.

[84] Qi C R, Liu W, Wu C, et al. Frustum pointnets for 3d object detection from rgb-d data [C]// Proceedings of the IEEE Conference on Computer Vision and Pattern Recognition, 2018.

[85] Howard A G, Zhu M, Chen B, et al. MobileNets: Efficient convolutional neural networks for mobile vision applications [J]. 2017.

[86] Kang S, Yoo I, Shin M, et al. Accurate inter-vehicle distance measurement based on monocular camera and line laser [J]. IEICE Electronics Express, 2014, 11 (9): 20130932.

[87] Huh K, Park J, Hwang J, et al. A stereo vision-based obstacle detection system in vehicles [J]. Optics and Lasers in engineering, 2008, 46 (2): 168~178.

[88] 宋巍, 朱孟飞, 张明华, 等. 基于深度学习的单目深度估计技术综述 [J]. 中国图象图形学报, 2022, 27 (2): 292~328.

[89] 龚建伟, 叶春兰, 姜岩, 等. 多层感知器自监督在线学习非结构化道路识别 [J]. 北京理工大学学报, 2014, 34 (3): 261~266.

[90] Zhou S Y, Gong J W, Xiong G M, et al. Road detection using support vector machine based on online learning and evaluation [C] // IEEE Intelligent Vehicles Symposium, San Diego, CA, USA: IEEE, 2010: 256~261.

[91] 周植宇, 杨明, 薛林继, 等. 一种基于高斯核支持向量机的非结构化道路环境植被检测方法 [J]. 机器人, 2015, 37 (6): 702~707.

[92] 刘富, 袁雨桐, 李洋. 基于纹理特征的非结构化道路分割算法 [J]. 计算机应用, 2015, 35 (S2): 271~273.

[93] 樊玮, 段博坤, 黄睿, 等. 基于风格迁移的交互式航空发动机孔探图像扩展方法 [J]. 计算机应用, 2020, 40 (12): 3631~3636.

[94] 周益飞, 李晶, 徐文卓, 等. 一种基于泊松融合的实时海滩场景模拟 [J]. 武汉大学学报 (工学版), 2018, 51 (4): 363~370.

[95] Yu C, Gao C, Wang J, et al. BiSeNet V2: Bilateral network with guided aggregation for real-time semantic segmentation [J]. International Journal of Computer Vision, 2021, 129 (11): 3051~3068.

[96] Sandler M, Howard A, Zhu M, et al. MobileNetV2: Inverted residuals and linear bottlenecks [C] // Proceedings of the IEEE Conference on Computer Vision and Pattern Recognition, 2018: 4510~4520.

[97] Woo S, Park J, Lee J Y, et al. CBAM: Convolutional block attention module [C] // Proceeding of the European Conference on Computer Vision (ECCV), 2018: 3~19.

[98] Poudel R, Liwicki S, Cipolla R. Fast-SCNN: Fast semantic segmentation network [J]. arXiv preprint arXiv: 1902. 04502, 2019.

[99] 董晴, 宋威. 基于粒子群优化的深度神经网络分类算法 [J]. 传感器与微系统, 2017, 36 (9): 143~146, 150.

[100] 陈佳兵, 吴自银, 赵荻能, 等. 基于粒子群优化算法的 PSO-BP 海底声学底质分类方法 [J]. 海洋学报, 2017, 39 (9): 51~57.

[101] 王莉, 张紫烨, 郭晓东, 等. 基于粒子群优化 BP 神经网络的心电信号分类方法 [J]. 自动化与仪表, 2019, 34 (9): 84~87, 93.

[102] Shelhamer E, Long J, Darrell T. Fully convolutional networks for semantic segmentation [J]. IEEE Trans. Pattern Anal. Mach. Intell., 2017, 39 (4): 640~651.

[103] Lin Tsung-Yi, Dollár Piotr, Girshick Ross, et al. Feature pyramid networks for object detection [C] // IEEE. Conference on Computer Vision and Pattern Recognition. Piscataway, NJ: IEEE. 2017: 936~944.

[104] Li Z, Peng C, Yu G, et al. DetNet: Design backbone for object detection [C] // Vittorio F, Martial H, Cristian S, Yair W. European Conference on Computer Vision. Berlin: Springer. 2018: 339~354.

[105] Luo W, Li Y, Urtasun R, et al. Understanding the effective receptive field in deep convolutional neural networks [C] // Conference and Workshop on Neural Information Processing Systems. Advances in Neural Information Processing Systems. San Francisco: Margan Kaufmann. 2016: 4898~4906.

［106］席浩．轻量级人体检测与行为识别算法的研究［D］．成都：电子科技大学，2021.

［107］Wang C, Liao H M, Wu Y, et al. CSPNet：A new backbone that can enhance learning capability of CNN［C］// Proceedings of the IEEE/CVF conference on computer vision and pattern recognition workshops, 2020.

［108］Yang L, Zhang R, Li L, et al. Simam：A simple, parameter-free attention module for convolutional neural networks［C］// International Conference on Machine Learning, 2021. PMLR.

［109］Najibi M, Samangouei P, Chellappa R, et al. Ssh：Single stage headless face detector［C］// Proceedings of the IEEE international conference on computer vision, 2017.

［110］Lin T, Goyal P, Girshick R, et al. Focal loss for dense object detection［C］//Proceedings of the IEEE international conference on computer vision, 2017.

［111］Szegedy C, Vanhoucke V, Ioffe S, et al. Rethinking the inception architecture for computer vision［C］// Proceedings of the IEEE conference on computer vision and pattern recognition, 2016.

［112］Rezatofighi H, Tsoi N, Gwak J, et al. Generalized intersection over union：A metric and a loss for bounding box regression［C］// Proceedings of the IEEE/CVF Conference on Computer Vision and Pattern Recognition, 2019.

［113］郭仕杰，付茂洺．基于双目视觉系统的测距研究［J］．中国民航飞行学院学报，2022，33（2）：26~30.

［114］邓博，吴斌．基于双目立体视觉的障碍物检测方法［J］．信息与电脑（理论版），2018，(1)：41~42, 45.

［115］赵晨园，李文新，张庆熙．双目视觉的立体匹配算法研究进展［J］．计算机科学与探索，2020，14（7）：1104~1113.

［116］袁娜，张在权．基于BM算法的视觉匹配验证［J］．唐山学院学报，2019，32（6）：12~18, 38.

［117］杨晨曦，华云松．基于双目立体视觉的目标物测距研究［J］．软件，2020，41（1）：128~132.

［118］张一豪，孙冬梅，沈玉成，等．双目视觉测量系统特征点提取与匹配技术研究［J］．应用光学，2016，37（6）：866~871.

［119］赵柏山，刘佳，张帆．双目摄像机标定与特征点匹配方法的研究［J］．通信技术，2020，53（3）：591~598.